湖羊高效养殖生产技术指导

孙 伟 主编

U0239243

中国农业出版社

图书在版编目（CIP）数据

湖羊高效养殖生产技术指导/孙伟主编．—北京：
中国农业出版社，2018.12（2022.1重印）
ISBN 978-7-109-24906-6

Ⅰ．①湖… Ⅱ．①孙… Ⅲ．①绵羊－饲养管理 Ⅳ．
①S826

中国版本图书馆 CIP 数据核字（2018）第 265133 号

中国农业出版社出版
（北京市朝阳区麦子店街 18 号楼）
（邮政编码 100125）
责任编辑 肖 邦

北京通州皇家印刷厂印刷　　新华书店北京发行所发行
2018 年 12 月第 1 版　　2022 年 1 月北京第 4 次印刷

开本：850mm×1168mm 1/32　　印张：5.75
字数：140 千字
定价：18.00 元
（凡本版图书出现印刷、装订错误，请向出版社发行部调换）

本书获得国家自然科学基金（31872333）、江苏省重点研发计划（现代农业）项目（BE2018354）、江苏省农业重大新品种创制项目（PZCZ201739）、江苏省农业科技自主创新项目[CX（18）2003]和江苏省高校自然科学研究重大项目（17KJA230001）资助。

主 编 简 介

　　本书由扬州大学动物科学与技术学院孙伟教授主编。孙伟教授现为扬州大学农业科技发展研究院院长、教育部农业与农产品安全国际合作联合实验室主任、扬州大学乡村振兴协同创新中心主任、教授、博士生导师，担任国家肉羊遗传改良专家组成员、中国畜牧兽医学会养羊学分会副秘书长、动物遗传育种学分会理事、遗传标记学分会常务理事，江苏省肉羊产业技术创新战略联盟副理事长兼秘书长、省畜禽遗传资源委员会委员、省肉羊集约化健康养殖工程技术研究中心主任、省淮海肉羊研发中心首席专家，中国农业科学院北京畜牧兽医研究所博士后，澳大利亚联邦科学院（CSIRO）访问学者，教育部农业与农产品安全国际合作联合实验室羊遗传育种与繁殖方向 PI。主要从事动物遗传育种与繁殖专业的教学和科研工作，具体从事绵羊与山羊的遗传资源评价、保护、利用与开发，新品种（品系）选育和规模化健康养殖等研究方向。近年来主持与湖羊有关的国家自然科学基金面上项目，科技部家养动物种质资源平台项目，江苏省农业重大新品种创制项目、省重点研发计划（现代农业）项目、省农业科技自主创新项目、省高等学校自然科学研究重大项目、省科技支撑计划项目、省苏北科技计划重点县项目等 10 余项，在国内外重要学术刊物上发表多篇具有重要影响的与湖羊有关的论文，申请或者获得授权的与湖羊有关的专利多项，在湖羊的研究上具有深厚的学术积累。

本书编写人员

主　编　孙　伟（扬州大学）

副主编　陈　玲（苏州市种羊场/苏州市畜牧兽医站）

　　　　陈家振（徐州苏羊羊业有限公司）

参　编　孙　炜（苏州市畜牧兽医站）

　　　　陈　志（扬州大学）

　　　　倪　蓉（扬州大学）

　　　　张向楠（扬州大学）

　　　　张玉龙（扬州大学）

　　　　苏　锐（苏州东山湖羊产业开发有限公司）

　　　　殷金凤（扬州大学）

　　　　王庆增（扬州大学）

　　　　吕晓阳（扬州大学）

　　　　金澄艳（扬州大学）

　　　　王利宏（扬州大学）

　　　　王　悦（扬州大学）

　　　　陈炜昊（扬州大学）

　　　　吴天弋（扬州大学）

[前 言]

　　湖羊为皮肉兼用型绵羊品种，为我国特有的羔皮用绵羊品种，也是世界著名的多羔绵羊品种，具有繁殖力高、泌乳性能好、母性好、四季发情、前期生长速度较快、性成熟早、耐湿热、耐粗饲、宜圈养等优良特点。湖羊肉质细嫩鲜美、膻味少，所产羔皮皮板轻薄，呈波浪状花案，扑而不散，经济价值高。湖羊具有极强的适应性，既适应我国南方气候温和、雨量充沛、土壤肥沃的环境，又适应西北、华北干燥凉爽的气候，是同时适合我国在南方、北方饲养的绵羊品种。湖羊的这一优异特性，为引湖羊过长江和向全国推广奠定了重要的基础。

　　目前，湖羊在全国范围内广泛饲养和推广，很有必要出版关于湖羊养殖方面的技术指导书。笔者多年来一直致力于湖羊的研究和技术推广工作。本书并非单纯介绍湖羊的养殖技术，而是从湖羊的品种特性、生物学特征入手，介绍湖羊规模化舍饲的可行性、羊场建设与环境卫生控制、选育与杂交利用技术、育种资料的整理与利用、引种与保种、繁殖技术、提高繁殖力的措施与通用繁殖技术、常用饲料及其加工调制、营养需要及饲料配方、饲养管理技术、常见疾病的防治、主要产品及其开发利用、主要产品无公害生产技术、动物福利、集约化饲养最佳规模的确定等。同时，本书也较系统地总结和介绍了近年来湖羊生产的新技术和新模式。

　　本书注重将市场需求与农业生产者的利益高度结合，将湖羊生产技术有关的理论贯穿于实际生产中，以达到学以致用、书为己用的目的。主要致力于阐述湖羊养殖的技术操作，尽可能帮助农户解决湖羊养殖和开发面临的问题，注重引导读者将理论与实践相结合，加强读者对于理论知识的理解，实用性和科学性强，对于指导养殖户提高养殖湖羊的效益具有重要的推动作用。

　　本书文字通俗易懂，内容科学实用，适于湖羊种羊场、饲养场、养羊专业户、基层农技人员和农业院校师生阅读参考，但疏漏之处在所难免，敬请同行专家和广大读者批评指正。

扬州大学　

2018 年 7 月

[目 录]

前言

[第一章] 概　　述

　　羊肉是一种营养成分含量丰富，具有一定的食疗功效的肉类食品。在羊肉中，人体必需氨基酸的含量高于牛肉、猪肉和鸡肉，所含有的硫胺素和核黄素也较其他肉类产品多，但是其胆固醇含量却远低于牛肉和猪肉。同时，羊肉还具有肉质细嫩、味美多汁、风味独特、易消化等特点，是公认的具有营养和保健双重作用的功能性食品，备受国际、国内市场青睐。我国北方城乡居民有吃羊肉的习惯，但随着人们生活水平的提高，羊肉消费的地域性差异不断缩小，即人们对羊肉的需求量将不断增大。目前，养羊产业已成为我国畜牧产业的重要组成部分，以及部分地区的经济支柱。近年来，由于退耕还林还草、保护植被等相关政策的落实，传统的养羊模式，已不能满足市场对羊肉的需求，不适应现代化养羊业的发展要求。因此，转变传统养殖模式，采取舍饲集约化养羊，一方面可保护生态环境，另一方面可提高养殖效率，便于标准化管理，实现生产生态双赢的目的。

第一节　发展规模化舍饲养羊

一、发展规模化舍饲养羊

　　目前，我国养羊业的生产方式落后，规模化水平低。由于我国土地特点，人均占有土地面积较少，无固定放牧场所，所以农区以千家万户分散饲养为主，生产效率极低。传统牧区则采取掠夺式的粗放经营为主，一味地追求牲畜饲养量，忽视了草场自身的载畜量，致使天然牧场严重退化。发展规模化舍饲养羊，可提高杂草、秸秆和农产品加工副产品的利用率，提高劳动生产率。随着国家退耕还林还草等相关政策的出台，我国养羊业必将向规模化、集约化和现代化的方向转变。这对提高养羊业生产能力，促进农业经济发展具有极其重要的意义。

二、品种选择为基础

品种的选择是舍饲养羊效益产生的基础。我国复杂的地理条件使得羊的习性有一定程度的差异。俗语有云"精山羊，疲绵羊"，即山羊与绵羊相比，比较活泼，对外界反应迅速，而绵羊则相对文静，对外界刺激反应迟钝。在采食的习性上，山羊较喜欢吃灌木类的枝叶，喜用前肢攀缘。而绵羊较喜吃草本植物，其耐涝性优于山羊。在舍饲相对安静、稳定的环境下，绵羊的产肉性能和饲料转化率也较山羊高，故规模化舍饲养羊应优先选绵羊品种。

三、生产优质羊肉，提高产品竞争力

我国的养羊数量多，羊的存栏量和羊肉产量均居世界之首。但众学者通过分析发现，我国羊肉产品的国际竞争力低，与国外产品相比，虽然价格较低，但是产品质量和安全系数不高，因此羊肉出口量较小。在国内市场上，羊肉价格居高不下，不能像家禽和猪等的生产形成规模化，致使肉羊生产在国内市场上基本无任何优势。因此，生产优质羊肉，提高羊肉产品的竞争力势在必行。

在舍饲条件下，养羊生产人为控制力度大，在综合分析饲草、农副产品营养成分含量的基础上，配制营养含量较全面的饲料用于羊只饲养，降低生产成本；舍饲后，可提高科学养殖水平，优化羊群结构，利于先进生产技术的推广；舍饲养羊有利于科学管理，对羊群进行疫病防控工作，严格执行防疫消毒制度；

规模化舍饲，可提高羊只的繁殖率、出栏率等，利于优质肥羔肉的生产，提高市场竞争力，从而提高养羊业的经济效益。故此，发展规模化舍饲养羊，是提高羊肉产品竞争力的必经途径。

四、科学养殖，增加农民收入

虽然发展舍饲养羊早期投入的成本比散养高得多，但舍饲可提高养殖水平，可实现产品溯源，让消费者更加放心，实现羊肉产品的优质优价，从而获得更高的收益。散养模式下，管理粗放，先进技术投入少，而规模化舍饲养羊可发挥先进生产力的作用，可从羊只数量和单产方面提高总体产量。舍饲养羊可最大限度追求经济利益和生态效益最大化。利用人工诱导母羊发情和同期发情等技术，不仅可减少母羊空怀率，还能及时并集中配种受胎，缩短繁殖周期，并利于集约化管理，降低分娩期羔羊的死亡率。后期可利用羔羊早期断奶技术，缩短母羊哺乳期。因此，发展规模化舍饲养羊，不仅可以提高羊肉品质及安全系数，而且在科学管理条件下，可获得理想的饲料报酬和胴体品质，实现肉羊生产的高产、优质、高效，从而增加农牧民养羊的经济收入。

五、发展舍饲养羊与畜牧业发展的关系

实施禁牧舍饲一方面可降低自然灾害对养羊生产的不利影响，如降低羔羊死亡率；另一方面可为牧民提供良好的生态环境，此举必将为牧民提供更加优质的饲草资源。发展规模化舍饲养羊是必然选择。

长远来看，舍饲养羊将有利于畜牧业向高效益发展。将由单纯注重羊只数量增长，向注重养羊质量和效益转变。改变传统畜牧业生产方式，实施舍饲养羊的生产模式，可通过短期育肥、降低羔羊死亡率、提高羊只出栏率和缩短羊只生长周期等措施，使生产者获得最大经济效益，从而推动规模化畜牧业的发展。提倡

舍饲,充分利用人工牧草、杂草、秸秆和农产品加工副产品等资源养羊,可提高资源利用率,防止草地荒漠化,从而加快我国牧区生态环境恢复和保护的进程。另外,秸秆等闲置资源过腹后还田后,可推动有机农业的发展,从而使畜牧业走上可持续发展道路,加快了资源优势向经济优势转换的步伐。

第二节 湖羊规模化舍饲的可行性

发展养羊业,能够提高人们的生活水平,发展国民经济。如今我国养羊业发展迅速,在国民经济中的比重也逐年提高。我国养羊业与发达国家的养羊业相比,还存在很多问题,如肉产品质量差,饲养水平不高,品种退化等问题,这些问题严重影响了我国养羊业的发展。但是,在我国发展养羊业具有很多优越的条件:一是我国自然条件优越;二是品种资源丰富;三是发展前景广阔。而湖羊是我国肉羊品种中的优良品种,具有许多优良性状,既可以在我国南方圈舍饲养,又可在北方地区圈养。

一、湖羊具备规模化舍饲的特点

(一)湖羊可全舍饲

湖羊被引至江南,因缺乏放牧地和多雨等因素的影响,由放牧转为舍饲,终年饲养在羊圈内,经人们长期驯养和选育,逐渐适应了南方的气候条件,形成了独特的可全舍饲的湖羊品种特点。湖羊不但适应圈养,还可以密养,大大降低羊舍建设成本。

(二)性成熟早

湖羊公羔约 2 月龄时就表现追逐发情母羊的意识,并有爬跨行为;2.5 月龄可排出精液;3 月龄以上精液量显著增加,并有正常精子;4 月龄时可与发情母羊交配并使之受孕。母羔 6 月龄可排卵、发情、交配受孕,故湖羊可"当年生,当年配种,当年产羔"。

（三）母羊泌乳能力强，母性好

羔羊在哺乳期生长发育速度较快，乳汁的充足供应是羔羊快速生长的前提。许多品种的羊均因母羊产奶量不足，使羔羊的正常发育受到影响，使得品种遗传潜力不能充分发挥。湖羊一个月产奶量达42千克，与某些专用的奶羊品种的产奶量相近。

（四）胆小温驯，利于管理

长期对湖羊的人工选择和其生活的环境，共同决定了湖羊性格温驯的特性。舍饲养殖便于组织生产管理，罕见因打斗引起流产的情况。

（五）湖羊肉质好

与其他品种绵羊肉相比，湖羊肉质细嫩鲜美、多汁、膻味轻，市场销量越来越大。人体必需的第一性限制氨基酸——赖氨酸含量高。对比20世纪80年代的测定数据，表明湖羊的肉用性能有所提高。

（六）湖羊四季发情，一胎多羔

湖羊发情不受季节的影响，一年四季都可以发情、排卵、交配、受孕和产羔，大大缩短了湖羊的繁殖周期，为湖羊2年3产或1年2产提供了生理基础。饲养条件良好的情况下，湖羊可1年产2胎或2年产3胎，每胎产羔2只以上，多的可达4～5只，经产母羊平均产羔率为250%。育种年限比其他羊品种短，为选育湖羊多羔品系和培育其他用途羊的多羔类型提供了极为有利的条件。

二、规模化舍饲条件成熟

（一）养羊市场前景看好

综合看来，规模化舍饲养殖湖羊与农户散养等方式相比利润率优势突出，并且可以带动多个行业的发展，产生巨大的社会效益。主要体现在：一是规模养殖带动湖羊相关畜产品加工行业发展；二是充分利用土地，提高单位土地的经济产值；

三是充分利用羊粪制造有机肥还田、沼气等；四是充分利用玉米秸秆、花生秧等农产品加工副产品，养羊场和农民实现共赢。

随着人们生活水平的不断提高，人们逐渐意识到过度肥胖带来的危害，使得低胆固醇食品备受青睐。羊肉含胆固醇较低，且绵羊肉更具有温肾暖胃的功效，并且羊以草为主要饲料，食品安全系数较其他畜产品高，使得消费羊肉的人群持续增加。但因羊的扩繁速度慢，目前羊肉供应已出现了明显的供不应求的状况，羊肉价格持续攀升。湖羊肉质细嫩，特别适于烧制红烧羊肉，成品肉质细嫩，脂肪少，皮嫩多膏，湖羊白切肉风味独特，也深受人们欢迎。

（二）技术成熟

在配种方面，采取人工诱导母羊同期发情技术和人工授精技术，同期配种，同时分娩，同等量饲喂，个体生长快慢一致，整齐度高，胴体重量基本相同，质量有保障，生产出高质量肉羊产品。

在饲料加工方面采取全混合日粮（TMR）饲料的喂食方法。在饲喂过程中，依据不同年龄羊的采食量和营养需求状况，分次按时饲喂，减少饲养人员劳动强度，减少劳务支出、提高劳动生产率。同时，传统生产中会被废弃或焚燃的各种农作物秸秆及废弃物和农产品加工副料也可综合利用，降低养殖成本和环境污染，增加养殖收益。此外，根据羊的不同年龄、性别、生产和季节需求调配配方，以达到营养均衡，增重匀速，食量平均等。可增加动物营养，节约养殖成本，又可防止饲料浪费，增加投资者效益。

另外，传染病免疫预防及抗体检测，疾病的早期诊断及治疗、卫生防疫制度、临床技术操作规程、免疫程序、消毒制度、驱虫程序、预防用药及保健程序等各项羊病防控技术也已完善、成熟，规模化养殖时，此类技术已推广。

[第二章] 品种特征与生物学特性

第一节　品种特征

一、产地和分布

湖羊是我国特有的绵羊品种，也是目前世界上少有的白色羔皮品种和多羔绵羊品种。其具有繁殖力高、四季发情、性成熟早、早期生长快、耐湿热、耐粗饲、宜舍饲等优良性状。所产羔皮，皮板轻柔、毛色洁白、花纹呈波浪状、扑而不散，有丝样光泽等特点，在国际上享有"软宝石"之盛誉。湖羊产于太湖流域，分布在浙江省的湖州（原吴兴县）、桐乡、嘉兴、长兴、德清、余杭、海宁和杭州市郊，苏州、常州、无锡、镇江等地也有饲养，其中以苏州的吴中、常熟、太仓、吴江等地为中心产区。现已被新疆、湖北、贵州、江西等多个省、自治区引进。根据苏州市开展的湖羊杂交组合试验和推广应用证明，以湖羊为母本，与国外著名的肉用品种绵羊进行杂交，可以大幅度地提高杂种绵羊的生长速度和产肉性能。

二、品种形成

湖羊与蒙古羊的体型外貌相似，李群经探究大量的文献和考古资料认为湖羊来源于蒙古羊。众多学者通过血液蛋白酶遗传检测法证明湖羊是由蒙古羊演变而来的。

三、外貌特征

湖羊体格中等，公、母羊均无角，头狭长，鼻梁隆起，多数耳大下垂，颈细长，体躯狭长，背腰平直，腹微下垂，后躯较高。尾扁圆，大多数属短脂尾，尾尖上翘，四肢偏细而高。湖羊被毛纯白，腹毛粗、稀而短，体质结实。公羊体型较大，前躯发达，胸宽深，母羊乳房较发达。

四、体重体尺

湖羊早期生长发育较快。初生重 2.0 千克以上，45 日龄断奶重 10 千克以上。各生长阶段体重体尺均值见表 2-1。

表 2-1　体重体尺指标

性别	年龄	体重/千克	体高/厘米	体斜长/厘米	胸宽/厘米
公羊	3 月龄	25	—	—	—
	6 月龄	38	64	73	19
	周岁	50	72	80	25
	成年（1.5 周岁以上）	65	77	85	28
母羊	3 月龄	22	—	—	—
	6 月龄	32	60	70	17
	周岁	40	65	75	20
	成年（1.5 周岁以上）	43	65	75	20

五、生产性能

（一）产肉性能

适宜屠宰日龄为 8 月龄。在舍饲条件下，8 月龄屠宰率：

公羊 49%，母羊 46%；净肉率 38%。在舍饲条件下，成年羊屠宰率：公羊 55%，母羊 52%；净肉率：公羊 46%，母羊 44%。

（二）繁殖性能

湖羊性成熟早，四季发情、排卵，终年可配种产羔，泌乳性能强，可年产二胎或两年三胎。产羔率：初产母羊 180% 以上，经产母羊 250% 以上。

（三）产毛性能

湖羊毛属异质毛，成年公羊年产毛 1.5 千克，成年母羊 1 千克，年剪毛两次，春秋季各剪一次〔以上数据参考《湖羊》（GB 4631—2006）〕。

（四）湖羊羔皮

湖羊为我国特有的羔皮用绵羊品种，湖羊羔皮毛色洁白，具有扑而不散的波浪花和片花及其他花纹，光泽好，皮板软薄而致密。

六、经济效益

湖羊的性成熟较早，有"当年生，当年配，当年产羔"的特点；湖羊四季发情，可终年配种，大大缩短了湖羊的繁殖周期。而且其多胎性强，在良好的饲养情况下，湖羊可一年产 2 胎或两年产 3 胎，一胎可产 2～3 羔，多的可达 4～5 只，经产母羊平均产羔率为 250%，高繁殖率选育群可达 300% 以上。湖羊具有耐湿、耐热的独特优良特性，可适应长期舍饲条件。湖羊具有一羊产三皮的品种优势，其羔皮毛纤维呈有规律的 S 形弯曲，构成了排列整齐的水波状花纹，是世界上独特的白色羔皮和我国传统的出口产品。袍羔皮是良好的制裘原料，而大湖羊皮是制革的上等原料。与其他绵羊肉相比，湖羊肉质细嫩鲜美、多汁、膻味轻。湖羊产羔率高，且羔羊早期生长速度快，是进行肥羔生产的较好素材。另外，湖羊奶质优量多，亚待开发。综上可知，湖羊对环境的适应能力较强，具有较高的经济价值。

七、生态作用

湖羊对环境条件有较强的适应能力，不仅能在江浙一带夏季潮湿闷热的羊栏舍饲生活，而且还能在生态条件恶劣的新疆沙漠边缘——莫索湾放牧生活。早在 1975 年，就有湖羊由浙江引入新疆，学者研究表明，在牧地分娩的母羊，其羔羊的死亡率也不高，说明湖羊对严寒的抵抗力较强，且环境改变不会影响湖羊的繁殖力以及增重。目前，由于甘肃、内蒙古、新疆等西部地区正在大力实施"禁牧舍饲"和"退耕还草"等措施，急需引进优良畜种，湖羊以其优良的品种特性，深受青睐。湖羊性情温驯，食性杂，易管理，性喜舍饲生活。各种青、干草，农作物秸秆，农副加工产品等均可作为饲料。湖羊的这一优异特性，为引湖羊过长江和向全国推广奠定了重要的基础。

湖羊的饲养历史可达千年之久，在 20 世纪 80 年代初，我国湖羊养殖业发达，农户具有舍饲湖羊的习惯，形成独特的"湖羊—蚕桑"种养结合的生态农业模式，是农户传统副业生产中的一大特色。在大力推广规模化饲养湖羊的条件下，目前，湖羊生态养殖主要采用"种植养羊"的方式，结合"离地平养""秸秆氨化""羊粪发酵"等一系列技术措施，实现生态平衡，获取最佳生态效益和经济效益。

八、适繁地区

实践证明，新疆、湖北、贵州、江西等地引进的湖羊能继续保持其优良特性，并且均适应当地气候环境。因为湖羊具有特别强的适应性能，既适应气候温和、土地肥沃、雨量充沛的南方地区，又适应西北、华北干燥凉爽的气候环境，是适合在南方、北方饲养的绵羊品种。

第二节 生物学特性

一、湖羊的生活习性

(一)合群性强,适于舍饲

湖羊的祖先为放牧的蒙古羊,迁移到江浙一带圈养已有800多年的历史。因此,湖羊的群居行为很强,容易建立群体结构。在出圈、入圈、药浴、移圈等方面,只要选择一只年龄大、后代多的母羊作头羊,其他羊只便会自动跟随头羊前进,并会发出维持联系的叫声。湖羊的这一特性有利于工厂化生产。

(二)叫声求食

长期舍饲圈养,使湖羊形成了"草来张口,无草则叫"的生活习性。在饲养员进入羊舍,或无其他外界因素干扰下,听到全群湖羊发出"咩咩"的叫声,大多因饥饿引起,应及时给予饲草。

(三)采食性广,喜食夜草

湖羊颜面细长,唇薄灵活,采食能力强。羊较牛、马、猪的食谱广,喜食蛋白质含量高、粗纤维含量低的牧草,钟爱阔叶类饲草,厌恶带有刺毛和蜡脂的饲草。夜间安静、干扰少,湖羊食草量大(约占日需草量的2/3)。长期养湖羊的农民总结出"白天缺草羊要叫、晚上缺草不长膘"的经验。

(四)母性好

分娩母羊不仅喜爱亲生小羊,而且喜欢非亲生的羔羊。尤其是丧子后的母羊神态不安,若遇同圈母羊分娩,则站立一旁静观,待小羔落地就会上前嗅闻并舔舐羔羊身上黏液,让羔吮乳。此种特性有利于寻找"保姆羊",以养活须寄养的羔羊。

(五)嗅觉灵敏

湖羊的嗅觉比听觉更灵敏。羔羊出生后的几分钟,母羊通过舔舐小羊身上的黏液而建立母子关系。之后在羔羊吮乳时,母羊要通过嗅闻羔羊，确认是已羔后，方可授乳。为此，可利用这一点在生产中寄养羔羊，即在孤羔或多胎羔羊身上涂抹保姆羊的羊水或尿液，以成功寄养羔羊。在生产中，若多只妊娠母羊在同一圈中，要及时将分娩母羊的胎衣等分泌物移除，以免同圈母羊的羔羊沾上其体液，而中断本来的母子联系。当羔羊稍大时，若围栏阻隔羔羊，其通常会窜出圈舍玩耍，这时主要靠母子之间的听觉建立联系，故要及时巡视羊舍将走失羔羊送回原圈。

（六）喜干燥凉爽，厌高湿高温

俗话说"水马旱羊"，湖羊喜欢干燥凉爽的环境，但其耐湿能力比其他绵羊品种要强。为不影响湖羊的生产性能，在日常管理中，要尽量避免高温或严寒与高湿并存的环境，因为在湿热、湿冷的圈舍，羊感染各种疾病，如寄生虫病和腐蹄病的概率增加。故应保持圈舍等环境干燥，并创造夏防暑冬保温的小环境。湖羊耐热能力有限，应在春、秋两季剪毛，配合药浴，进行驱虫。

（七）喜清洁

湖羊非常喜爱清洁，其会拒绝采食被践踏和被粪尿污染的饲草料。在饮水前也要靠嗅觉辨别水的清洁度，故饲槽、水槽要经常洗，饮水要勤换。故在舍饲生产中，常采用自动饮水设备，以免浪费水资源。采取少食多餐的饲喂方法可大大减少羊只对饲料的浪费。

（八）性情温驯，胆小怕惊

湖羊性情温驯，胆小怕惊，尤其是母羊，受到惊吓易四处奔跑咩叫，不能安心采食。故在湖羊的饲养管理中，要心平气和，不能高声吆喝、鞭打。对于临产母羊，切勿围观喧闹，以免造成惊吓，"防止流胎保产羔"。

（九）忍耐性强

湖羊对疾病的忍耐性强，患病时仍跟群活动，不易被发现。故在饲养管理中，饲养员应细心观察湖羊行为，若发现目光呆滞，对采食不积极、不饮水、不反刍的羊只，应尽快治疗，以免造成损失。湖羊鼻吻处皮肤呈粉红色，腹部和腿部被毛稀疏，若发现颜色较红，则有可能发热，应细心诊断。

二、湖羊的消化生理特点

湖羊为反刍家畜，其消化器官不同于单胃动物，表现在反刍动物具有复胃，分为瘤胃、网胃、瓣胃和皱胃四个室。由于反刍动物瘤胃消化器官的特点，其对营养物质的消化和吸收和单胃动物不同。

（一）湖羊消化器官的特点

1. 羔羊消化器官的特点 初生羔羊前三胃的容积较小，没有消化粗纤维的能力，故其仅能依靠母乳满足自身营养需要。在羔羊体内，母乳不通过瘤胃，而是经食管沟直接进入皱胃。随着羔羊日龄增长，其前三个胃的容积逐渐增大，并逐步发动反刍，且皱胃凝乳酶的分泌逐渐减少，羔羊开始采食少量饲草。湖羊初生 7 天后可自发采食饲草，故此时补饲易消化的、粗纤维含量少的植物饲料可促进前胃的发育，促进反刍行为出现。也可在补饲精料中添加适量黄芪多糖，提高羔羊自身抵抗力，降低痢疾等疾病的发生率。湖羊羔羊在 45 日龄可断奶，此时可大量利用饲草。

2. 成年湖羊消化器官的特点 湖羊具有复胃，分为四个室，即瘤胃、网胃、瓣胃和皱胃。瘤胃的容积约占复胃全容量的80%；网胃内壁分隔为许多网格；瓣胃内壁有纵列褶膜，对食物起机械压榨作用；皱胃又名真胃，能分泌胃液（胃蛋白酶和盐酸），对食物进行消化。前三胃由于没有腺体组织，与单胃的无腺区类似，总称前胃。

瘤胃可节律性蠕动，初步研磨食物，其也是瘤胃微生物存在的场所，进行生物消化作用。瘤胃内生存有大量有益细菌和纤毛原虫，这些微生物的作用概括为如下三点：

（1）分解饲草中的粗纤维 羊主要依靠细菌的纤维水解酶消

化粗纤维的 $50\%\sim80\%$。粗纤维被分解变成挥发性脂肪酸为瘤胃壁吸收，送入肝脏，参加中间代谢，成为能量的来源。

（2）合成菌体蛋白质　饲料中的蛋白质，经瘤胃微生物的活动分解为肽、氨基酸和氨，瘤胃微生物利用这些分解后的产物合成细菌蛋白质。部分微生物还能将非蛋白氮转变为菌体蛋白质。经过转化合成的菌体蛋白含有羊所需的各种必需氨基酸，满足羊体生理需要。

（3）依赖微生物的作用可以合成维生素 B_1、维生素 B_2、维生素 B_{12} 和维生素 K。

早在 1920 年，就有国外学者发现瘤胃微生物可合成 B 族维生素。影响 B 族维生素合成的主要因素是饲料中氮、碳水化合物和钴的含量，故一般情况下不用添加 B 族维生素。

网胃与瘤胃紧密连接在一起，其生理功能基本相似，除机械作用外，也可利用微生物分解消化食物。瓣胃黏膜形成新月状的瓣叶，对食物进行机械压榨作用。皱胃在腹腔底部呈长囊形，前连瓣胃后接十二指肠，胃壁有腺体组织，可分泌消化液，饲料经其消化变成流体或半流体。

湖羊的小肠曲折细长，达 $22\sim25$ 米，是羊吸收营养物质的主要器官。未被消化的物质被小肠的蠕动推进到大肠，尚可在大肠微生物和由小肠液带入大肠内的各种酶的作用下继续分解、消化和吸收，剩余残渣形成粪便而排出体外。

（二）湖羊消化生理特点

1. 反刍　反刍行为是羊的重要消化生理特点。湖羊可在短时间内采食大量饲草，这些饲草一般不经过咀嚼直接被吞咽入瘤胃。反刍行为的发生是由于粗糙的食物刺激了网胃、瘤胃前庭和食管沟的黏膜，经复杂的神经反射，产生逆呕，将食物返回到口腔，羊只重复咀嚼、混合唾液和再吞咽。

一般情况下，食入饲料后 $1\sim2$ 小时出现反刍，每次反刍平均持续期 1 小时左右。反刍的次数与饲料种类有关，饲料中粗纤维含量越高，反刍时间越长，吃粗料的反刍次数比吃精料时多。一昼夜反刍总时间 6～7 小时。湖羊通常在安静休息时，产生反刍。患病或不良的外界刺激可导致反刍行为紊乱甚至终止，反刍一旦长期停止，食物被滞留在瘤胃内，往往会因微生物发酵产生大量气体，致使瘤胃臌胀。反刍能促进饲草的消化吸收，反刍迟缓或停止是疾病的征兆，生产中应密切观察。

2. 瘤胃微生物　瘤胃微生物对饲草的消化和营养的供应有重要的作用，主要体现在消化纤维素，利用非蛋白氮、氢化脂类，合成 B 族维生素等。瘤胃（网胃）内复杂的消化代谢主要靠这些复杂的微生物生态系统进行。正常瘤胃环境为极端厌氧、温度恒定（39～40℃）、pH5.5～7.5、稳定渗透压。若羊采食过多的富含碳水化合物的谷物饲料，则易引起以瘤胃内容物异常发酵，产生大量乳酸，使瘤胃内正常微生物区系平衡受到破坏，导致瘤胃生物学消化功能降低，即瘤胃酸中毒，又称乳酸酸中毒。故生产中应避免羊食入过多谷物，如大麦、小麦、玉米、大米、燕麦、高粱或其糟粕和块茎根类饲料，如甜菜、马铃薯、甘薯及粉渣、酒糟等。若精料的增加是逐渐的，使羊有一个适应的过程，则日粮中的精料比例即使达到 85％以上，甚至不限量饲喂全精料日粮也未必发生瘤胃酸中毒，故在更换饲料时应逐渐替代。

[第三章] 羊场建设与环境卫生控制

羊场是汇集羊只饲养、保种、繁殖，羊饲料贮存、制备，组织羊肉产品生产、初步加工和羊废弃物无公害化处理等的主要场所。我国南方夏季雨量多、温度高，属于典型的湿热地区，土地资源较为短缺。大力发展羊只舍饲圈养技术，科学合理规划及建设羊舍是稳定和提高湖羊养殖效益的重中之重。湖羊喜游走、耐寒冷、忌潮湿、怕闷热。因此，在羊场的规划设计及建设中应充分满足湖羊的生长和生理需求，以保证其表现出优异的生长性状和繁殖性能。我们既要做到因地制宜，又要着眼于湖羊养殖的现代化。本章从场址选择与布局、羊舍建设与配套设施、环境卫生等方面介绍羊场建设与环境卫生质量控制的相关内容。

第一节 场址选择及布局

一、场地规模

首先做到因地制宜，根据当地饲料供应、利用能力及土地资源、资金、市场需求、技术力量、经营管理能力等因素综合考虑后确定。

二、建设条件

应充分进行方案的论证。符合当地土地利用及村镇建设发展的规划要求，满足卫生防疫要求。从长远的利益出发，在对土地利用、开发、整治、保护等方面作出统筹安排。

（一）选址要求

从地形地势、地质条件、水源、交通、电力、气候、周边环境等自然条件和社会条件以及饲草料供应等条件进行综合考虑。应交通发达，供电方便，饲料饲草供应充足。同时，选择在地势高燥、地面平坦、背风向阳、排水良好、坐北朝南或坐西北朝东南方向，满足安全的卫生防疫条件。不能将场址选在污水排出口、皮革厂、化工厂等易产生环境污染企业的下风向处或附近。距离居民区和交通要道不小于 1 000 米，与其他畜牧场和屠宰场距离不小于 2 000 米，且必须建在城市常年主导风向的下风向，同时切忌在洼涝地、潮湿风口等地建羊场。

（二）场地土壤土质要求

透水性、透气性好、稳定抗压，不易被有机物和病原微生物污染，无地方病，地下水位低，容水量及吸湿性小，毛细管作用弱，最好为沙壤土。土壤质量符合《土壤环境质量标准》（GB 15618—1995）规定。

（三）电力供应

供电稳定，符合《供配电系统设计规范》（GB 50052—2009）规定。

（四）水源质量

水源以自来水最好，其次为地下水。要求水源充足、水质良好、取用方便、便于防护。成年母羊和羔羊舍饲时日需水量约10 升/只和 5 升/只。水质符合《无公害食品　畜禽饮用水水质》（NY 5027—2008）规定。

（五）气候环境

气候变化平缓，没有或者很少有极端气候。

（六）交通运输

交通便利，运输方便。同时，距国道、省际公路大于 500米，距省道公路应大于 300 米，距一般公路大于 100 米。

（七）防疫要求

能保证防疫安全。羊场距离公路、铁路主干道及江河 500 米以上，距离居民区、学校、医院等 1 千米以上，3 千米内无化工厂等污染源，羊场周围应设围栏、围墙、绿化带、防疫沟等隔离带、兽医室、病羊隔离室、贮粪池应位于羊舍下风方向 50 米以外，各圈舍间应有 15 米以上的间隔距离。

（八）供给保障

放牧、饲草（料）运送、加工和管理方便。饲养繁殖母羊有足够的放牧草场，并能维持草畜平衡。

（九）符合国家建设规划

畜禽规模养殖场场址不得位于《中华人民共和国畜牧法》明令禁止的区域与城乡土地使用规划内，即不得位于生活饮用水的水源保护区、风景名胜区、自然保护区的核心区和缓冲区、城镇居民区，包括文教科研区、医疗区、商业区、工业区、游览区等人口集中地区，县级人民政府依法划定的禁养区域，国家或地方法律、法规规定须特殊保护的其他区域。

第二节　羊场规划与布局

一、规划原则

应充分考虑该地区气候环境，在科学合理规划基础上，从节约成本出发，尽量做到因地制宜、就地取材、造价低廉。考虑建筑物间的功能关系，节约用地，留有发展空间。在满足当前生产需要基础上，综合考虑将来扩建和改造的可能性。遵守卫生防疫、消防安全的规定。尽量缩短路线，提高劳动效率。合理利用地形地貌、主风向和光照。

二、规划面积

羊舍面积成年母羊0.8～1.0米²/只，种公羊单间3～5米²/只，群间 2～2.5 米²/只，妊娠、产羔母羊 1～1.5 米²/只，青年公、母羊 0.6～0.8 米²/只，公、母羔 0.3～0.5 米²/只；每栋羊舍的建筑面积不宜超过 500 米²，羊舍可设运动场，运动场面积为羊舍建筑面积的 2～3 倍为宜；接羔舍面积可按羊舍建筑面积的 1/10 计算。草料堆放可采用草垛或草料库，布置在距羊舍 20 米以上的侧风向处，占地面积按每 100 只羊 20～25 米² 计算。

三、羊场场区布局

羊场良好环境的建立、高效率生产工艺的形成和最佳经济效益的获得，在较大程度上取决于畜牧场的规划布局。恰当的规划布局应能使各类建筑物的设置符合最佳生产工艺流程，符合兽医卫生和防火安全的要求，有利于减轻劳动强度和提高劳动生产率。羊场建筑应分生活区、管理区、生产区、生产辅助区、粪污处理及隔离区 5 个功能区。羊场分区规划应以人、羊保健为出发点，建立完善的卫生防疫体系及最佳生产联系，根据地势和主风向为各个分区进行定位，保证各功能区功能明确。

（一）生活区

包括文化娱乐室、职工宿舍、食堂等。设在羊场大门外面。为保证良好卫生条件，避免生产区臭气、尘埃和污水的污染。应建设在场区常年主导风向上风处，同时其位置应便于与外界联系。

（二）管理区

管理区与生产区应保证有 30 米以上的间隔距离。管理区应建设饲料加工设施及仓库、工人食宿设施、兽医药品库、消毒室等。

（三）生产区

生产区是羊场的核心，应建在下风口位置，应建设种公羊舍、母羊舍、羔羊舍、人工授精室、防疫室、更衣室、药浴池、消毒室等设施。一般把数量少、价格高、易被污染的羊只放在上风向。

（四）生产辅助区

生产辅助区有草料房、加工间、青贮池等，最好建在生活区与生产区之间，草库应距离房舍 20 米以上，专门建设一条通道以保证方便运输及取用。羊舍一旁一般设配料间和更衣室。

（五）粪污处理及隔离区

该区是卫生防疫和环境保护的重点，用来处理粪污、销毁病死羊的场所，主要包括隔离病羊舍、粪污处理厂、焚尸炉等设施。粪污堆放和处理场地，设在下风向、地势低洼处。病羊隔离区应与生产区相距 500 米以上，粪污处理厂、尸坑和焚尸炉应与羊舍相距 100 米以上。

四、羊场建筑物的合理布局

羊场各功能分区内建筑物布局是否合理、操作是否方便、联系是否紧密，对场区基建投资、环境状况、防疫效果、生产效率等都有直接影响。为了实现羊场建筑物的合理布局，须根据羊场的任务、要求以及经营特点，确定饲养管理方式、集约化程度和机械化水平以及饲料需求量和供应方式，然后确定各种建筑物的功能、面积和数量。在此基础上综合考虑场地的各种因素，因地制宜，制订最优化的布局方案。

任何羊场的规划布局应立足于实际条件，制订切实可行的实施方案，要遵循以下基本原则：

（1）根据生产环节（种羊的饲养与繁殖、羔羊的培育、商品羊育肥）和技术措施（人工授精，饲料的转运、储存、加工，畜舍清扫，疫病的防治）确定建筑物之间的最佳生产联系。

（2）根据防火安全规定和防疫卫生规定设置建筑物，从而起到防止火势蔓延和预防疾病传播的目的。

（3）为减轻劳动强度、提高劳动效率，在遵守兽医卫生和防火要求的基础上，尽量做到建筑物最紧凑的配置，以保证最短的运输、供电和供水线路，为实现生产过程机械化、减少管理费用、生产成本、基建投资创造条件。凡属功能相同的建筑物，如青贮建筑物、饲料库、饲料加工调制间等，应尽量靠近，并应紧挨消费饲料最多的畜舍，以便于流水作业线和机械化生产。道路应分别有人员行走和运送饲料的清洁道，供运输粪污和病死羊等专用通道，路面应直线铺设，坚实、排水良好，道路两侧应有排水沟，并种植树木，同时可以起到缩短地上、地下管线和交通运输线的作用。

第三节 羊舍建筑与设施设备

一、羊舍

（一）修建原则

羊舍地势较高、通风干燥、排水良好、冬暖夏凉、接近牧地或饲料地、有水源。地面、墙体建筑材料耐酸耐碱，便于清扫、冲洗、消毒和排污。坐北朝南或南偏东不大于15°。羊舍门窗、地面及通风设施要便于通风、保温、防潮、干燥、饲养管理，确保舍内有足够的光照。楼式羊舍中的楼板以木条和竹条铺设、条间距1～1.5厘米，以利粪尿漏下。楼板离地面高度为1.5～2米，以利通风、防潮、防腐、防虫和除粪。

（二）建筑形式

成年羊舍多为双列对头式，中间带有走廊为1.5～2.0米，一般用来饲喂基础母羊。青年羊舍是用来饲养断奶后至分娩前的羊只，一般采用半开放单列式，羊床宽2.5米，这种羊舍设备较简单，无特殊要求。羔羊舍为双列对头式，出生羔羊5日后即可转入羔羊舍，羊床宽2.0米，中间走道宽1.5米，羔舍宜采用半开放式或密闭式，羊舍内可设活动围栏。产房多设在成年母羊舍的一端，大小根据羊群多少和成年产奶羊的头数来确定。屋顶可采用单坡、双坡或拱形。母羊舍须配备户外运动场、饮水槽、饲料槽。

(三)排列方式

1. 地面棚圈式羊舍 羊舍跨度为 6.0 米，地面漏缝木条宽 5 厘米，漏缝 2.0 厘米左右。双列饲槽，通道宽约 50 厘米，可为产羔母羊提供适宜的环境条件。此类羊舍在北方多见，可以借助院墙等搭建棚舍，外面有小面积的运动场，造价较低（图 3-1）。

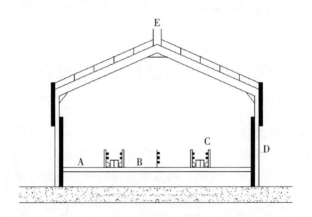

图 3-1　漏缝地面羊舍

A. 羊栏　B. 漏缝地板　C. 饲槽通道　D. 空气进气口　E. 屋顶排气口

（李拥军等，2009）

2. 楼式漏缝地板式羊舍 南方潮湿多雨，一般气候较炎热，部分地区可采用楼式漏缝地板式羊舍（图 3-2、图 3-3）。楼式漏缝地板多以木条、竹条为建筑材料，漏缝间隙小羊 1～1.5 厘米，大羊 1.5～2.0 厘米，地板离地面高度 1.5 米左右。羊舍的山坡坡度为 20°左右，楼上开设较大窗户，楼下则只开较小窗户，由于羊舍背依山坡，一般需要修建沟渠，使山坡水流通畅。此类羊舍投资小，通风优良，清洁干净，多适合南方炎热、多雨潮湿天气，具有较多缓坡草地的地方。

3. 塑料暖棚式羊舍 塑料暖棚羊舍解决了冬季家畜生长速

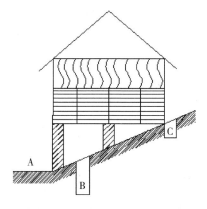

图 3-2　山区简易楼式羊舍

A. 道路　B. 粪沟　C. 排水暗沟

（曹瑞敏等，2008）

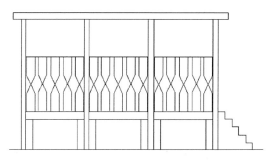

图 3-3　漏粪平顶楼式羊舍

（曹瑞敏等，2008）

度缓慢的问题，从而大大提高了饲料转化率，节约成本，提高了羊业养殖的经济效益。羊舍利用原有的简易敞圈及简易开放式羊舍的运动场，用木材、竹材、钢材等材料做好骨架，扣上密闭的聚氯乙烯膜、聚乙烯膜、无滴膜等多功能膜材料，方向为坐北朝南。棚顶有单坡式单层或双层膜棚，拱式或弧式单层或双层膜棚。在棚脊两侧应开设排气口，交错设置，四周适当位置设进气口，从而有利于保暖又有利于空气交换，减少水蒸气和有害气体的聚集，保持舍内空气的清新。塑料暖棚舍具有保温、采光好、经济适用等特点，可利用白天储热来提高舍内夜间的温度，适用于寒冷地区冬季养羊（图3-4）。

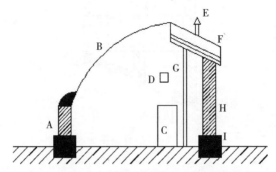

图 3-4 塑膜暖棚羊舍结构
A. 前墙 B. 薄膜 C. 门 D. 进气口
E. 排气孔 F. 后屋顶 G. 支柱 H. 后墙 I. 房基
（李拥军等，2009）

（四）建筑结构

羊舍建筑材料最好就地取材，以耐用、清洁方便为原则，要求有较好的防暑降温、防潮、保暖、通风良好、坚固耐用等特点。北方以防寒为主，羊舍墙壁要加厚或用保温材料，棚舍可用钢质支柱，通常使用砖混结构或棚架结构。

（五）羊舍长、宽、高及面积

羊舍应有足够的面积，太小容易导致潮湿、通风不良，不利于羊只的健康生长；太大，则显得比较浪费，不能充分利用土地资源，同时也不利于羊舍的保温。一般羊舍长度40～50米，跨度6～10米，高度2.0～3.0米。南方羊舍可适当高点，长度以羊只数量而定。

（六）墙体

可用砖、土坯、木板、新型复合夹芯板等。

（七）地面

羊舍地面要求平整，保持一定的坡度，有利于排污。饲料室、受精室等可采用水泥地面，便于打扫和消毒。羊圈可用木条或竹条制成漏缝式地板等。便于清除粪便，保持舍内干燥，减少污染。

（八）屋顶

屋顶应具备防雨和保温隔热功能，可用石棉瓦、彩钢瓦、陶瓦、木板、烧制泥瓦等。

（九）门窗

舍门以羊只能够顺利通过，不会拥挤为宜，羊群在 200 只及其以下时设一个圈门；超过 200 只，每 200 只增设一个圈门。窗宽 1.0～1.2 米，高 0.7～0.9 米；门宽 2.0～3.0 米，高 1.8～2.5米。南方地区气候炎热、多雨潮湿，门以大开为好。寒冷地区，在羊舍大门外添设套门能够防止冷空气进入，起到保温的作用。

（十）分羊栏

分羊栏供羊分群、鉴定、防疫、驱虫等日常管理和生产中使用，可以提高分群工作的效率（图 3-5）。

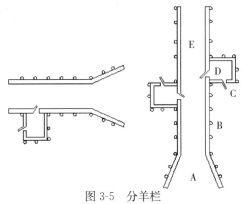

图 3-5　分羊栏

A. 入口　B. 木柱　C. 门　D. 羊圈　E. 狭道

（李拥军等，2009）

二、运动场

羊只天性活泼好动，圈养时在条件许可的情况下，可以设置一定的运动场地。场地一般设在羊舍紧靠出口处，面积按每只羊 2～3 米² 设计。其地面应低于羊舍地面，并向外稍有倾斜，有利于排污，坡度 3°～5°。运动场四周设围栏或围墙，围栏可用钢管或其他坚固材料，围墙可用砖混或土坯，围栏或墙高 1.2～2.0 米。夏季要有遮阴和避雨的地方。

三、粪尿沟

粪尿沟建在较低的一边，最好能与排水沟共用一沟。污水沟宽 25～30 厘米，深 15～20 厘米，并向贮粪池一端倾斜 3°以上。

四、饲槽及饮水槽

饲槽用于冬、春季补饲精料、颗粒饲料等。其分为固定式或活动式，材料为水泥、木材、塑料等，要求内表面光滑、耐用，槽底圆弧形。固定在羊舍内或运动场，距离地面约 30 厘米。槽体高 15～25 厘米，内径宽 20～25 厘米，槽深 15～20 厘米。饲槽和饮水槽长度应使每只羊采食或饮水时不相互干扰，羊脚不能踏入槽内为准，可按每只成羊 25～30 厘米、羔羊 20～25 厘米计算。

五、草架

草架专门用于饲喂青粗饲料，可以将草与地面隔开，避免羊只的践踏和羊只排泄物的污染，也可以将草料均匀分开，有利于羊只的采食，不至于相互干扰。草架一般采用木材、竹条或钢筋铁皮制成。分为固定式和移动式 2 种，固定在羊舍内或运动场。草架隔栏间距 8～10 厘米，宽度 30～60 厘米，长度应使羊脚、羊头不能伸入草架内，并避免架内饲草落在羊身上为宜，一般成羊按每只 30～40 厘米，羔羊 20～30 厘米计算。草架底距离地面或羊床高度适宜，一般为 25 厘米。

六、多用途活动栏圈

活动栏圈主要用于羊只分群、鉴定、免疫等日常管理和生产中使用，提高工作效率，有效限制羊只的活动。栏的长度视其用途而定，高度羔羊 1～1.5 米，大羊 1.5～2.0 米。可做成移动式，也可做成固定式。

七、药浴池

为了防治寄生虫病，每年要定期给羊群药浴。药浴池一般长 6～10 米，上宽 0.5～0.7 米，下宽 0.3～0.4 米，深 1.0～1.2 米，以 1 只羊能通过而不能转身为宜，出入口处设围栏，入口呈陡坡状，出口的一段为台阶，回流台向浴池方向倾斜 2°～3°，保证羊身上多余的药液流回池内，回流台用水泥修成，药浴池附近应有水源。池旁应砌有炉灶，安设水锅，并且是当地情况安装暖棚以便保温。

八、消毒池和消毒走廊

设在羊场或生产区入口处。供车辆通行消毒池，长 5 米，宽 3 米，深 0.15 米；供人员通行消毒池，长 2～2.5 米，宽 1.2～1.5 米，深 0.05～0.1 米。消毒走道设紫外灯，供进出人员消毒。

九、兽医室、隔离室、采精输精室

应建立兽医室和隔离室，配备必需的兽药及器械，来防治羊病，对病羊及时进行隔离和治疗。同时建立受精室，对发情母羊及时进行人工授精，作好治疗、配种资料记录。

十、羊料及加工设备

（一）羊料

提倡种植 1 年生或多年生优质牧草。应贮备充足干草，以供冬、春季枯草期饲用。干草贮备量按 1～1.5 千克/（天·只）计算，每批次备足 4～6 个月需要量。青贮饲料的贮存主要包括青贮池、青贮窖、青贮塔等类型，应选择地势高、地下水位低、干燥、土质坚实，离羊舍较近的地方修建。大小视羊群喂量而定，以 1～3 天能装填完毕为限，通常长 10～15 米，宽 2～3 米，深3～4 米。每批贮备精饲料量应能满足羊群 3～4 个月需要，使用符合安全卫生及营养要求的配合饲料。

（二）草料加工及设备

干草铡短或粉碎，秸秆青贮、微贮或氨化，玉米、黄豆（须熟化）等颗粒料须粉碎。根据养殖规模和经济条件配备牧草收获机械、青贮饲料收获调制机械、袋装青贮装填机、饲料热喷机、粗饲料压粒、压块机等加工设备。

十一、消防安全

应配备齐全的消防设施设备，加强对消防知识的普及，严格遵守并符合《农村防火规范》（GB 50039—2010）。

第四节　羊场环境质量及卫生控制措施

（一）环境评估

羊场需要进行严格环境评估，保证周围环境不污染影响羊场生产环境，同时羊场不污染周围环境。严格遵守《畜禽养殖污染防治管理办法》、《畜禽养殖业污染防治技术规范》（HJ/T 81—2001）等管理办法。根据羊的生物学特性，运用生理学、营养学、生态学和动物行为学原理，结合不同生产要求，为规模化饲养羊只提供健康的生产及生存环境，从而保证畜产品的质量安全。

（二）粪污处理

羊场需要建设配套的粪便和污水处理系统。采用污染物减量化、无害化、资源化处理的生产工艺和设备，达到《畜禽养殖业污染物排放标准》（GB 18596—2001）。污水须达到《污水综合排放标准》（GB 8978—1996）或《渔业水质标准》（GB 11607—1989）的排放标准。羊只粪便应符合《畜禽粪便无害化处理技术规范》（NY/T 1168—2006）处理后用于其他用途。对于病死羊只的处理要严格遵守《病害动物和病害动物产品生物安全处理规程》（GB 16548—2006）。羊场空气质量也须满足《畜禽场环境质量标准》（NY/T 388—1999）规定。

第五节 羊场生产技术规程及管理

畜禽养殖工作应当坚持市场引导、政府扶持、合理布局、规范发展、生态循环、安全高效的原则，实行规模化养殖和标准化生产。建立健全生产管理制度，采取相应的质量保证措施，确保畜产品质量安全。按照《肉山羊舍饲养殖技术规程》（DB 51/T932—2009）、《无公害肉羊生产技术规程》（DB 5134/T27—2011）执行。畜禽养殖者向所在地县级人民政府畜牧兽医行政主管部门备案。畜禽饲养人员应当符合国家规定的卫生健康标准，并接受专业知识培训；严格按照国家规定的安全使用规范，科学、合理使用兽药、饲料和饲料添加剂；应当按照法律、法规的规定，做好畜禽进场检疫和日常防疫消毒，落实强制免疫计划并建立免疫档案，并配合畜牧兽医行政主管部门做好畜禽疫病检测检验和重大疫病控制等工作。禁止将畜禽粪便、沼液、沼渣或者污水等直接向水体或者其他环境排放；畜禽养殖场、养殖小区应当建立养殖档案，载明下列事项：畜禽的品种、来源、数量、繁殖记录、标识情况和进出场日期；饲料、饲料添加剂、兽药等投入品的名称、来源、规格、批号、批准文号，使用对象、时间和用量；检疫、免疫、消毒情况；畜禽发病、死亡和无害化处理情况；畜禽养殖档案应当真实、完整，不得伪造。

[第四章] 选育与杂交利用技术

第一节　湖羊的生产性能测定

生产性能测定是育种中最基本的工作，在湖羊育种过程中，要求首先严格规范地实施生产性能测定，获得各种性能记录资料并进行科学的统计处理和育种分析，然后进一步采取相应的育种措施。系统准确的性能测定是科学选种的前提，也是种群评价和经营管理的依据。目前，畜牧业发达国家均非常重视建立畜禽生产性能测定体系并将其制度化。

一、个体编号

准确快速地识别湖羊个体是组织性能测定和种群管理的基础工作，最简单有效的方法便是对湖羊个体编号。统一规范的编号记录不仅有助于种群管理、引种登记、育种管理，也可促成免疫识别、生产管理、产品可跟踪/追溯等系统的形成。具体操作中，尽量使用终身的编号牌，以免中途丢失，给生产造成损失。

（一）个体编号的原则

1. 含义明确　编号应该有明确的含义，方便管理且包含有用的信息。

2. 简洁易识读　尽量使编号简洁明了，方便生产管理人员识读、记录和计算机录入等。

3. 唯一性　每一个编号对应一个个体，保证在生产过程中不出现重号。

例如，某湖羊场编号方法：××××××××，前两位代表出生年，第三、四位代表配种月份，最后三位代表羊只序号（同批次内的出生序号），且尾数单数为公、双数为母。如在 2012 年 7 月配种，第 3 只公羔羊编号为 127005，第 4 只母羔编号为 127008。

编号可随着羊场规模大小作适当调整。如果羊场规模较大，可增加出生序列号的位数；如果有多个分场，可增加场号；如果为引进的种羊，可在序号前适当添加引进地的缩写字母等。

（二）个体编号的方法

对羊只编号时最简单有效的方法是戴耳标法，羔羊出生时用专门的耳标钳固定在耳朵上，最常用的是空白塑料耳标，编号可以用记号笔书写。目前正在时兴的电子标签，由于科技含量较高，目前使用的尚不普遍。不过可以预计，随着科技水平的提升，家畜电子"身份证"必然会在产品跟踪和可追溯管理等方面得到越来越广泛的应用。

二、性状测定

（一）体重、体尺指标的测定

1. 体重　称重应在早晨饲喂前进行，以免受采食饮水等影响造成偏差。单位以千克计算。

（1）初生重　出生后 12 小时以内的活羔重。

（2）断奶重　断奶当日饲喂前的重量，并注明断奶日龄，根据羔羊膘情和生长发育情况一般采取 45～60 日龄断奶，体型和膘情较好的可以选择 45 日龄断奶，反之可以考虑推迟断奶。

（3）其他　在生长发育和经济利用的各阶段可分别称重，以了解羊只生长发育情况和估算羊场经济收益，如二月龄重、上市体重和成年体重等。

2. 体尺 在湖羊上常测的体尺指标如下，单位以厘米计算。

（1）体高 从鬐甲最高点至地面的垂直距离。

（2）胸围 从肩胛骨后缘绕胸 1 周的长度。

（3）体长 从肩端至坐骨结节的直线距离。

（二）繁殖性能测定

1. 受胎率 通常指一个发情期配种妊娠母羊数占配种母羊数的百分比。

2. 总产羔数 指母羊产羔羊总数，包含死胎。

3. 产羔率 国内一般指 100 只配种母羊的产羔数，因此为百分数。主要评定羊的繁殖力，与排卵数和胚胎存活率有关。

4. 产双（多）羔率 指产双（多）羔母羊数占产羔母羊总数的百分比。

5. 产羔间隔 指母羊两次产羔间隔的平均天数。湖羊妊娠期是一定的，提高母羊产后发情率和受胎率，是缩短产羔间隔、提高羊群繁殖力的重要措施。

（三）生长育肥性能测定

1. 饲料转化率 指在湖羊育肥期内消耗的饲料量与增加的体重之比。

2. 屠宰率 指胴体重占宰前活重的比例。

3. 胴体重 指羊屠宰后，除去头、毛皮、内脏（保留肾和肾周脂肪）及前肢膝关节和后肢跗关节以下部分，静置 30 分钟后称的重量。受性别、屠宰年龄、季节和饲养条件等因素的影响。

4. 肉骨比 也是反映羊产肉量高低的一个指标，是指胴体肉重与胴体骨重之比。

5. 脂肪产量 胴体脂肪含量和分布是评价胴体等级的重要依据。反映了肉羊的成熟度，同时也与胴体的产量和羊肉的风味有关。

6. 净肉率 指胴体净肉重占宰前活重的百分比。如果是胴体净肉重占胴体重的百分比,则为胴体净肉率。

7. 眼肌面积　测量倒数第 1 和 2 肋骨之间脊椎上眼肌(背最长肌)的横切面积,因为它与产肉量呈高度正相关。

8. GR 值　指在第 12 和 13 肋骨之间,距背脊中线 11 厘米处的组织厚度,作为代表胴体脂肪含量的标志。

(四)湖羊毛、皮性能测定

湖羊以其羔皮水波纹状花纹而著称,是著名的羔皮用绵羊品种。其剪毛量不高,公羊平均 1.5 千克,母羊 1 千克左右,毛被由多种纤维类型组成。

湖羊羔皮是指生后 3 天以内的羔羊屠宰或死亡所剥取的毛皮,故又称小湖羊皮。羔皮可根据波浪花纹的宽度,分为小花、中花和大花三种,其中以小毛小花最佳,中毛中花次之,大毛大花最差。

三、湖羊年龄测定

注重科学饲养湖羊,从建立湖羊基础群着手,开展本品种选育,提高羊群整体品质。在这过程中须从场外引进优秀种羊。在选种羊时除严格按照国家标准选择种羊外,在年龄上选青年种羊为主。主要根据湖羊门齿可正确判断湖羊年龄。

羔羊的牙齿叫乳齿,共 20 颗;成年羊的牙齿叫永久齿,共32 颗。羊无上门齿,只有 4 对下门齿,另有臼齿 24 颗,分别长在上、下四侧牙床上。8 颗下门齿,中间的 1 对叫切齿,另 3 对由内向两侧分别叫内中间齿、外中间齿、隅齿。

有经验的农牧民总结,"三四周龄原口牙,一岁不换牙,岁半一对牙,两岁两对牙,三岁三对牙,四齐,五平,六斜,七歪,八掉"。即羔羊 3～4 周龄时,乳齿出齐,俗称原口牙;1 岁半时,最中间的切齿脱换成永久切齿;两岁时,内中间齿的乳齿脱换成永久齿;3 岁时,外中间齿的乳齿脱换成永久齿;4 岁时最后一对隅齿脱换成永久齿,此时 4 对下门齿已全部脱换,俗称齐口或新满口。5岁时，牙面经磨损后逐渐变平。之后可根据牙齿的磨损程度和牙齿的形态判断大小。6岁时，齿龈凹陷，有的牙齿开始活动倾斜；7岁时，牙齿与牙齿之间出现空隙，门齿开始歪斜；8～9岁时门齿开始脱落。

永久齿比乳齿粗长，略发黄。可根据湖羊换牙的规律判断其年龄。

第二节 选种方法

选种即选择，指通过综合选择，按一定标准选出符合人们要求的羊只留作种用，同时将不符合要求的个体淘汰或进一步改良，最终达到改善和提高羊群品质的目的。在家畜育种中，选种的主要对象是种公畜，正如农谚所云，"公畜好好一坡，母畜好好一窝"。利用科学的方法，可使整个畜群育成速度大大加快。

一、湖羊个体等级评定

湖羊等级评定分初生评定和6月龄评定，按照标准《湖羊》（GB 4631—2006）评定湖羊等级。

1. 特级 凡符合下列条件之一的一级优良个体，可列为特级：（1）花案面积4/4；（2）花纹特别优良者；（3）同胎三羔以上。

2. 一级 同胎双羔，具有典型波浪形花纹，花案面积2/4以上，十字部毛长2厘米以下，花纹宽度1.5厘米以下。花纹明显、清晰，紧贴皮板，光泽正常，发育良好，体质结实。

3. 二级 同胎双羔，波浪形花或较紧密的片花。花案面积2/4以上，十字部毛长2.5厘米以下，花纹较明显，尚清晰，紧贴度较好；或花纹欠明显，紧贴度较差，但花案面积在3/4以上。花纹宽度2.5厘米以下，光泽正常，发育良好，体质结实，或偏细致、粗糙。

4. 三级 波浪形花或片花，花案面积 2/4 以上，十字部毛长 3 厘米以下，花纹不明显，紧贴度差，花纹宽度不等，光泽较差，发育良好。

二、系谱测定

系谱是系统记载个体及其祖先情况的一种文件，是十分重要的遗传信息来源。完整的系谱除记载个体编号外，还应记录种羊的外形评分，发育情况，有无遗传缺陷等。系谱测定指选种中对拟选种羊祖先的生产性能记录的审查过程。考查内容包括先代的羊毛品质、繁殖力、品种特征等。对后代品质影响最大的是亲代，其次是祖代、曾祖代，进行系谱审查时，只考查 2～3 代。系谱测定时通过分析各代祖先的系谱信息来推断被选个体的育种价值。在养羊生产中，因父母代对个体影响最大，系谱测定方法应将比较的重点放在亲代品质上，祖父母代以上的资料很少考虑。

三、同胞（半同胞）测定

同胞（半同胞）测定指根据其同胞或同父异母的半同胞表型值资料来对该个体做出选留或淘汰的决定。对于一些限性性状，如母羊的产仔数，以及一些在活体上难以准确度量和根本不能度量的性状，如屠宰率、净肉率等，均可用此方法进行测定。因此，这种方法在养羊业中的运用具有特殊意义。

四、后裔测定

后裔测定是根据后代的品质来鉴定亲代遗传性能的一种选种方法。因为子代的性状表现是由亲代所传递给子代的遗传物质和环境条件共同作用的结果，所以子代的表现可以最直接、最可靠地反应亲代的遗传差异，从而科学客观地进行比较。

五、选种时应注意的问题

选种的方法多种多样，不同的性状使用不同的方法，用不同的标准和方法选种效果各异，在实践中要具体情况具体分析，采取适当的选种方法。应考虑以下问题：

1. 性状遗传力　对于遗传力高的性状，遗传进展就快，而低的性状，其受环境影响较大，为加快遗传进展，应从系谱、后代等进行综合选择。

2. 选择差　指留种群某一性状的平均表型值与此性状在全群的平均表型值之差，其受羊群该性状的整齐度制约。

3. 世代间隔　指羔羊出生时双亲的平均年龄，绵羊的世代间隔一般为 4 年左右。其长短影响遗传进展，故应将公母羊尽可能早的用于繁殖，缩短利用年限和产羔间距，如湖羊可进行两年产三胎或一年产两胎的办法，以缩短产羔间距。

第三节　湖羊的选配

一、选配的目的

育种和生产实践证明，后代的优劣不仅取决于亲代的遗传品质，还取决于双亲基因型间的遗传亲和，故要根据母羊的特性选择恰当的公羊与其配种，即选配。选配的目的有四个：一是实现公、母羊优点互补，创造生产性能更好的理想型；二是理想型间近交或同质交配，用来稳定巩固理想型；三是以优改劣或优劣互补，改良湖羊群体；四是不同种群间杂交，利用杂种优势提高生产性能。个体选配分表型选配和亲缘选配两类。

二、表型选配

表型选配又称品质选配，是根据交配双方的体型外貌、生产性能等表型品质对比进行的交配方式，分为同型选配和异型选配。

1. 同型选配 又称同质选配，指将性状相同、性能表现一致或育种值相似的优秀公、母湖羊交配，以期获得与其父母相似的优秀后代。

同质选配的效果取决于交配双方的基因型是否同质，对高遗传力的性状如体型外貌较为有效，但对低遗传力性状效果不大。同质选配的结果会使群体趋于一致，变异性小，但可能会出现轻微的体质变弱等现象，故在生产中要严格选种，淘汰不良个体，以避免产生消极效果。

2. 异型选配 又称异质选配，指将表型品质不相似的公、母羊交配，分互补型和改良型两种。互补型即将具有不同优良性状的公、母羊配对，以期获得兼具双亲优点的后代。改良型即将同一性状而优劣程度不同的公、母羊交配，使后代在此性状上有较大的改进或提高，在这个主要性状上达到理想状态。

三、亲缘选配

亲缘选配指交配公母羊间具有一定血缘关系的交配方式。若交配的公、母羊有较近的亲缘关系，即共同祖先总代数小于6，其所生子女的近交系数大于0.78%为近交，反之，交配双方在6代内无共同祖先，则为远交。

近交的效应包括表型效应和遗传效应。其可以增加湖羊群体的一致性。如果近交使用不当，可造成后代生活力减退，产羔数减少，生长发育缓慢等，这些均为近交所造成的不同程度衰退现象。有研究证明，近交对绵羊体重和产毛量存在不利影响。但其在育种工作中的作用也不容忽视：固定优良性状，揭露有害基因，保持优异血统等。

四、选配原则

（1）公羊的品质和等级必须优于母羊。

（2）互补型选配时，当母羊有某方面缺点时，公羊必须在这方面具备突出优点，而不能选择在其他方面优点突出的公羊。

（3）近亲交配不可滥用。

（4）要及时总结选配效果，灵活运用各种育种方法。

第四节 本品种育种方法

湖羊四季发情，繁殖率高，其肉质鲜美口感好，湖羊肉蛋白质含量高、脂肪和胆固醇含量低。与其他品种的绵羊肉相比，具有肉质细嫩、多瘦肉、膻味小的优点。湖羊宜舍饲，耐湿、耐热，可集约化养殖。但湖羊后躯不够丰满，肉用体型不突出，全程生长速度也不够快。因此，当前育种工作的主要任务是保持湖羊品种的优良特性，同时改善其体型结构，加快生长速度。

纯种繁育指在湖羊品种内的公、母羊之间的繁殖和选育过程。其目的是增加湖羊群体羊只数量，提高羊群质量，故不能将其视作简单的复制过程。

一、品系繁育

品系是品种内具有共同特点，彼此具备亲缘关系的个体所组成的遗传性稳定的群体。在一个品种内若同时考虑提高众多经济性状，其育种进程就会非常慢，但若先就不同性状建立各品系，再通过品系间杂交，其遗传进展就会大幅度提高。因此，在湖羊育种中通常会选用品系繁育法，其过程包括以下几个阶段：

1. 选择优秀种公羊作系祖 通过综合评定，确定所选种公羊为最优秀的个体。

2. 品系基础群组建 通常采用按血缘关系和按表型特征组群两种方式。按血缘关系组群，即将具备突出优点的种公羊及其后代挑选出来组成基础群，此方法对遗传力低的性状如产羔数、体况评分等效果好。后一种方式较简单易行，其不用考虑所选个体的亲缘关系，只需挑选具备相同表型的优良个体，此方式在绵羊育种中运用较为广泛。

3. 闭锁繁育　不能从群体外引进种公羊，并要坚持淘汰不良个体。

4. 品系间杂交　品系培育成熟后即可进行各品系间杂交，使不同品系的优点结合，培育出更加优秀的个体，提高群体质量。

二、引入外血法

指从湖羊不同所在地引进优质种公羊来更新本地种公羊。此方法运用在以下情况：

（1）湖羊群体规模过小，封闭繁殖，由于羊群个体亲缘关系而将造成近交衰退时。

（2）羊群生产性能在某一水平停滞，羊群同质性高，群体中使用的种公羊不能提高群体质量。

（3）湖羊群体出现退化现象，如生产性能降低、生活力下降和外形改变等。

三、注意事项

（1）严格遵照湖羊品种标准进行选种，制订选种标准。

（2）调查湖羊品种分布的情况，摸清品种现状。

（3）严格按照品种标准，分阶段地制订科学合理的选种目标和任务。

（4）可联合周边生产者，考虑成立品种协会等，增加选育工作经验的交流，对推动选育工作具有重要意义。

第五节　湖羊的杂交利用

杂交是畜牧生产中的一种重要方式，其在改良育种中运用最广泛。杂交指两个或两个以上品种（品系）间的公、母羊相互交配。杂交是引进外来优良基因的重要方法，是克服近交衰退的主要手段，而杂种优势是在生产中获得更好羊产品的主要手段之一。杂种优势指杂交所产生的杂种后代在生活力、生产力、生产性能和抗逆性等方面在一定程度上比双亲均值优越。

20 世纪 80 年代之前，有独特花纹的湖羊羔皮作为我国传统的出口产品，具有较好的国际认知度和经济效益，湖羊的饲养规模也逐渐增大。但近年来，随着国内外市场对羔皮的需求日渐减缩，导致羔皮的价格疲软，经济效益明显下降，故在养羊生产中急需寻求新的发展方向。

近年来，湖羊肉独特的风味和丰富的营养价值也已经为市场所认可，需求量日趋旺盛，向肉用型方向发展是保护和利用湖羊的有效措施之一。苏州市开展的湖羊杂交组合试验和推广应用证明，以湖羊为母本，与国外著名的肉用品种绵羊进行杂交，可大幅度地提高杂种绵羊的生长速度和产肉性能。目前湖羊二元杂交方式运用较多，三元杂交等利用报道较少。

一、二元杂交

二元杂交指利用其他品种羊只与湖羊杂交，杂交后代无论公、母，均不作种用，全部作为商品羊。

文献报道常用湖羊作为母本，与其他品种公羊杂交，如夏洛莱羊、美利奴羊、杜泊羊和无角陶赛特羊等杂交，二元杂交组如：

其他品种公羊♂×湖羊♀

↓

二元杂交后代

研究表明采用二元杂交生产商品肉羊，纯种湖羊作母本，引进公羊作父本，既可以利用湖羊的高产性能，又可以提高后代的初生重，提高羔羊的成活率，还可以提高商品肉羊的个体产肉性能。

二、三元杂交

三元杂交指用两个种群杂交，所生杂种后代母畜再与第三个种群杂交，所生两代杂种用作商品。这种杂交方式在对杂种优势的利用上可能要大于二元杂交。三元杂交组如：

A品种公羊♂×湖羊♀

二元杂交后代母羊♀×B品种公羊

三元杂交后代

如果利用三元杂交生产肉羊，在组织工作上，要比二元杂交更为复杂，因为它需要三个种群的纯种畜源，而且周期加长了，但是杂交商品肉羊的初生重和羔羊成活率高，产肉性能较二元杂交更好。

第六节　纯种湖羊与杂交羊体形
外貌特征比较

纯种湖羊被毛白色，公、母羊均无角，头狭长，鼻梁隆起，耳长而下垂，眼大突出，颈细长，体躯稍高而略显狭窄，腹稍下垂，四肢较纤细，毛稀短，关节较明显，乳房发达。小脂尾扁圆形，尾尖短小，上翘后随即折向下垂。初生羔羊背部具有其他绵羊所没有的白色波浪形花纹，这是湖羊独有的遗传印记，是建立湖羊保种选育群的一项十分重要的依据。为防止一些不法分子以假充真，骗取养殖户钱财，现介绍吕宝铨等的方法来区别真假、优劣湖羊。

一、湖羊与毛用羊的杂交后代

一般体形较小，多数无角，耳略短小呈圆筒状和八字形下垂，有不少羊两耳呈水平横向伸长，似乌纱帽帽翼状。四肢较短，关节因毛长而不明显，肋骨拱圆良好，颈短，体躯看似圆钝U形。被毛较湖羊细长而密、多油汗易沾脏物。头呈三角形，鼻梁微隆，小脂尾，长尾尖下垂。

二、湖羊与小尾寒羊杂交后代

体形高大，骨骼粗壮，面部明显不如湖羊清秀，鼻梁骨隆起弧度偏小，多数有小角，多斜尻，脂尾体积与重量要比湖羊大1～2倍。

三、湖羊与杂交羊主要部位特征的比较

(一) 头部

湖羊头部毛短紧贴，头形清秀，从正面看显狭长，头顶圆形，与颈、额、鼻梁结合良好，因耳肌退化，耳呈自然下垂。眼大突出，眼球乌黑光亮有神，鼻梁前端较窄而嘴较宽。从侧面看似兔头，下颌前端皮肉下垂似马的颈部。湖羊与细毛羊杂交的后代，头形从正面、侧面看都呈三角形，有人称粽子头。额顶较宽，毛长而卷曲似烫发状，小眼球略带黄色，耳短小灵活。湖羊与小尾寒羊杂交的后代，头形接近湖羊，其不同处因小尾寒羊长有大角，额部较宽并向前突出，因此，额与鼻梁结合处有明显凹陷，鼻梁隆起部位起自鼻端比湖羊靠前。耳稍窄而长，头上长出粗糙不成形的卧角或镰刀状小角。

(二) 颈部

湖羊颈长单薄而公羊较粗壮，过去公羊利用年限一般不超过3年，现在公羊利用年限延长。随年龄增长或受小尾寒羊杂交等影响，颈部腹侧垂毛（有误称胸毛）粗而长似雄狮，这在过去的湖羊中是不多见的。

(三) 躯干

湖羊背腰较平直，有少量凹腰，后躯略高于前躯，与毛用羊

杂交后代体躯、四肢都较短，腹部四肢及阴囊毛密而长，阴囊下垂，夏季天热时更甚。与小尾寒羊杂交的后代一般体形较大，骨骼较粗，四肢较长，腿略粗于湖羊，有的羊蹄冠部外露和卧系。

(四) 尾部

羊的尾形变化是识别不同品种的重要依据，毛用羊尾巴一般细长似狗尾。以脂肪大小而言，大尾寒羊尾长超过飞节；小尾寒羊尾长一般不超过飞节，属中等脂尾；湖羊尾长仅 10 厘米左右，为小脂尾，紧贴坐骨端。湖羊与毛用羊一代杂种，近尾根处脂肪堆积似湖羊尾形，而另一半细长似父本尾形（狗尾形），继而与湖羊杂交，尾形接近湖羊但尾尖较长。而与小尾寒羊杂交后代，尾的大小在双亲之间，尾大边缘肥厚中间呈尾沟，尾尖特别粗长，有的向上直立紧贴尾沟不下垂，裸露出尾部光滑无毛的腹面，这是湖羊与小尾寒羊杂交后代的明显特征。

(五) 肤色特征

湖羊裸露处的皮肤，纯洁光滑呈粉红色，与湖羊的杂交后代，多数在口鼻唇可视黏膜和皮肤呈灰褐色或粉红色中有黑色圆点。湖羊蹄壳呈蜡黄色，出现黑色蹄壳或黑色条纹，这都是毛用羊杂交所致。随着杂交的变化体态特征相应而变，如湖羊血缘增加，不论何种杂交后代，所表现特征越接近湖羊，其他羊也不例外。

第七节　湖羊不同杂交组合效果分析

湖羊是世界著名的绵羊地方品种，具有早熟、多羔、适应性强等特性。为了更好地利用湖羊这一优良地方品种，可以开展湖羊与其他不同品种羊的杂交试验，从而获得更好的肉、毛、奶等羊产品。

一、杜泊羊与湖羊杂交效果分析

目前，湖羊提高肉质性状最常见、效果较好的杂交方式为杜泊羊与湖羊杂交。江苏省徐州地区徐州申宁羊业有限公司、徐州苏羊羊业有限公司等都开展了利用杜泊羊对湖羊进行杂交改良的工作。此外，湖北、山东、浙江等地都有两个品种杂交选育的实例。下述杜湖杂交效果分析结果摘自黄华榕等（2014）的杂交试验数据。

（一）杜湖杂交羊外貌特征

杜湖杂交羊羔羊无论公、母均无角，体形外貌更接近于杜泊羊，颈部粗短、胸较深、背部宽大。与湖羊相比，其最大的区别在尾部，杜湖杂交羊尾部细而长。

（二）体重与体尺性状

杜湖 F_1 代早期体重更接近于湖羊，并且杂种优势不明显；其生长拐点在 5 月龄（晚于湖羊与杜泊羊），此后开始进入快速增长期。到 6 月龄之后，杂交羊杂种优势凸显，并呈上升趋势。

相对于湖羊，杂交羊体尺改良效果明显，体高、体长、胸围都显著提高。初生羊体高、体长、胸围比湖羊分别提高 35.27%、25.19%、30.13%，3 月龄分别提高 39.51%、29.70%、55.50%，6 月龄分别提高 31.45%、8.70%、26.99%，9 月龄分别提高31.45%、8.70%、26.99%，12 月龄分别提高 19.54%、22.18%、21.75%（表 4-1）。

表 4-1 湖羊与杜湖杂交羊不同月龄体尺

体尺	品种	初生	3 月龄	6 月龄	9 月龄	12 月龄
体高/厘米	湖羊	25.8	41.0	48.6	51.2	65.5
	杜湖	34.9	57.2	59.4	67.3	78.3
体长/厘米	湖羊	27.0	46.8	59.5	65.5	76.2
	杜湖	33.8	60.7	63.9	71.2	93.1
胸围/厘米	湖羊	23.9	40.9	59.5	65.2	72.2
	杜湖	31.1	63.6	71.2	82.8	87.9

（三）屠宰性状

6 月龄杜湖杂交羊公羊的屠宰率、净肉率与肉骨比分别达到 54.50%、56.69%、5.16，与湖羊相比提升了 3.65%、6.31%、17.95%。

（四）繁殖性状

杜湖杂交羊性成熟晚于湖羊，初配年龄比湖羊晚 1～2 个月，一般为 8～9 月龄。杜湖杂交羊产羔率相对于湖羊明显降低，但仍能保持相对较高的产羔率。

二、夏洛来羊、萨福克羊、陶赛特羊与湖羊杂交效果分析

江苏省苏州种羊场于 1998 年引进夏洛来羊、萨福克羊、陶赛特羊与湖羊杂交，收集不同组合杂交效果数据，计划培育肉用性能较好的新品系。下述不同杂交组合效果分析结果摘自钱建共等（2000，2001）的杂交试验数据。

（一）生长发育性能

比较不同杂交组合各时间段体重、体尺数据发现，仅有萨福克羊与湖羊杂交组合 6 月龄体重略高于湖羊；各杂交组合体尺性状在初生至 2 月龄增长较快，4 月龄之后增长减缓（表 4-2～表 4-5）。

表 4-2　不同杂交组合羊初生至 6 月龄体重

（单位：千克）

杂交组合	初生重	2 月龄重	4 月龄重	6 月龄重
夏洛来羊×湖羊	3.10±0.79	15.69±4.22	25.90±6.44	33.31±6.83
萨福克羊×湖羊	3.68±0.81	17.57±3.88	26.57±5.65	34.82±5.76
陶赛特羊×湖羊	3.42±0.93	16.19±3.94	23.91±5.09	32.01±5.01
湖羊×湖羊	3.11±0.67	16.63±3.07	25.24±3.70	33.35±4.45

表 4-3 不同杂交组合羊不同阶段体长

(单位：厘米)

杂交组合	初生	2 月龄	4 月龄	6 月龄
夏洛来羊×湖羊	26.7±1.80	56.8±4.84	65.3±4.0	73.9±4.95
萨福克羊×湖羊	28.2±4.22	58.0±3.96	64.1±4.15	72.0±5.44
陶赛特羊×湖羊	26.6±3.30	52.8±4.61	63.5±5.19	69.6±3.13
湖羊×湖羊	27.3±3.39	55.4±3.62	64.9±5.01	72.4±3.54

表 4-4 不同杂交组合羊不同阶段体高

(单位：厘米)

杂交组合	初生	2 月龄	4 月龄	6 月龄
夏洛来羊×湖羊	32.5±2.62	45.4±4.56	52.8±4.22	54.6±4.33
萨福克羊×湖羊	35.5±2.39	48.3±4.36	53.4±5.70	56.5±3.71
陶赛特羊×湖羊	33.6±3.59	45.1±3.82	51.7±4.50	54.4±2.74
湖羊×湖羊	34.0±3.69	48.2±3.76	54.8±3.04	58.4±4.46

表 4-5 不同杂交组合羊不同阶段胸围

(单位：厘米)

杂交组合	初生	2 月龄	4 月龄	6 月龄
夏洛来羊×湖羊	33.8±3.56	57.8±5.02	70.6±7.22	72.9±7.46
萨福克羊×湖羊	35.7±3.44	59.3±4.95	71.1±5.49	72.1±4.95
陶赛特羊×湖羊	34.8±3.11	59.4±5.92	69.1±8.47	70.4±4.91
湖羊×湖羊	33.3±2.99	57.5±3.48	68.9±3.84	71.1±2.93

（二）屠宰性能

7 月龄屠宰率夏洛来羊×湖羊、萨福克羊×湖羊、陶赛特羊×湖羊分别比湖羊提高 6.5%、6.3%、7.9%。净肉率陶赛特羊×湖羊比湖羊提高 18.0%；后腿肉、肩胛肉、腰肉和肋肉比湖羊均有所提高（表 4-6）。

表 4-6　7 月龄各杂交组合屠宰测定结果

组合	宰前活重 /千克	胴体重 /千克	屠宰率 /%	净肉率 /%	胴体产肉率/%	骨肉比	眼肌面积 /厘米²	GR 值 /毫米
夏洛来羊× 湖羊	36.14± 3.03	17.75± 1.70	49.05± 0.74	36.52± 0.93	74.42± 1.36	4.06± 0.20	13.33± 0.03	1.27± 0.24
萨福克羊× 湖羊	37.33± 1.20	18.45± 0.64	48.92± 2.00	37.77± 1.11	74.55± 2.76	3.99± 0.33	14.51± 3.23	1.03± 0.17
陶赛特羊× 湖羊	33.27± 0.30	16.57± 0.05	49.70± 0.54	38.62± 1.73	77.53± 3.03	4.71± 0.33	13.54± 1.04	1.30± 0.10
湖羊×湖羊	27.91± 4.82	12.83± 2.13	46.04± 2.44	32.72± 0.28	71.29± 4.17	3.57± 0.33	10.20± 0.96	1.20± 0.08

注：GR 代表胴体脂肪含量值。

（三）繁殖性能

各杂交组合产羔率均低于湖羊，但相较于另一亲本都有所提高（表 4-7）。

表 4-7　各杂交组合产羔率（%）

	夏洛来羊×湖羊	萨福克羊×湖羊	陶赛特羊×湖羊	湖羊×湖羊
产羔率	233.3	191.7	227.3	256.8

[第五章] 育种资料的整理与利用

湖羊育种资料的整理对于育种场是必要的，为了更及时全面地认识和了解羊群生产状况，育种工作一开始就应着手建立生产育种资料记录档案。生产育种资料记录档案包括育种方案（计划）、试验报告、阶段性总结、年终总结、生产育种资料记录、图表等。其中，生产育种资料记录是湖羊育种过程中最重要的档案之一，包括种羊卡片、个体鉴定记录、精液保存及品质测定记录、配种记录、产羔记录、生长发育（体重、体尺）记录、羔皮花纹记录、剪毛量、饲养管理记录、疫病防控记录等。

湖羊育种资料不仅要人工记录，还要每月或每季度及时汇总、分类整理，并在计算机上进行备份。大型企业、养殖场可将育种资料整理后建成湖羊育种数据库，通过存储设备（硬盘等）长期保存。

一、育种方案（计划）的整理

育种方案是根据湖羊具体生产性状来确定的，必须针对性状的遗传特点，采用有效的选种选配方式。要确定育种方案，首先要系统收集湖羊的历史资料和了解湖羊的育种现状，初步拟定育种方案，然后由专家进行评估和修正，再根据实际情况，吸收不同方案中的优点，集成适合自身的育种方案。育种者需将整个育种方案确定过程中的资料进行归纳总结，以纸质版和电子版形式存档。

二、试验报告资料整理

试验报告资料主要包括基因检测报告、生产性能测定报告等。以湖羊产羔性状为例，记录湖羊产羔数据，并通过对湖羊群体进行高产基因（如 $FecB$ 基因）检测，了解群体 $FecB$ 基因型情况，选留优秀个体。

三、阶段性与年终总结资料整理

湖羊育种方案实施后，分阶段性测定体重、体尺数据，配种率，产羔数据，疫病防控情况等，汇总成阶段性报告，再将一年内各阶段报告归纳整理，分析成功与不足之处，形成年终总结，以供借鉴。

四、生产育种资料整理

湖羊育种资料记录表格必要元素包括品种、耳标号（个体号）、性别、年龄等，其余元素根据表格记录内容进行添加。以下举几例育种资料记录表格供参考或使用，不同规模养殖场、企业等可根据自身情况修改。

（一）种羊卡片

养殖场、企业的种羊必须做好种羊卡片，在购买种羊时也应带有种羊卡片。种羊卡片主要包括品种、耳标号（个体号）、出生日期、生产性能评定、配种记录以及疫病情况等（表5-1）。

表 5-1 种羊卡片

场　名_____	品　种_____	耳标号_____
出生日期_____	性　别_____	性能评定_____
一、系谱情况		
	父　亲_____	祖　父_____ 祖　母_____
耳标号/个体号_____	母　亲_____	外祖父_____ 外祖母_____
二、生产性能		

（续）

指标	体重/千克	体高/厘米	体长/厘米	体宽/厘米	胸围/厘米	管围/厘米	花纹	繁殖情况	备注
初生									
1月龄									
2月龄									
4月龄									
6月龄									
12月龄									
2周岁									
3周岁									
……									
三、配种记录									
××××年									
××××年									
四、防疫情况									

（二）湖羊配种记录表

湖羊配种记录是育种过程中必不可缺少的一环，通过查看文献与借鉴养殖场记录方法，列举以下表格供参考（表5-2），具体包括序号、母羊号、公羊号、配种日期、产羔数、死（弱）羔数、活羔数、羔羊耳号（参见第四章）。

表5-2 湖羊配种记录表

登记人员：＿＿＿＿＿＿＿

序号	配种母羊号	与配公羊号	配种日期	产羔数	死（弱）羔数	活羔数	羔羊耳号

（三）湖羊生长发育记录表

列举湖羊生长发育记录表供参考（表5-3），主要包括序号、圈号、羔羊号（羊号）、花纹类型、体重、体尺（不同时间段），养殖企业可根据实际情况作相应调整。

表 5-3　湖羊生长发育记录表

登记人员：_____

序号	圈号	羔羊号	花纹类型	初生					1月龄					2月龄					……
				体重/千克	体高/厘米	体长/厘米	胸围/厘米	管围/厘米	体重/千克	体高/厘米	体长/厘米	胸围/厘米	管围/厘米	体重/千克	体高/厘米	体长/厘米	胸围/厘米	管围/厘米	……

（四）湖羊种公羊精液品质记录表

列举湖羊种公羊精液品质记录表供参考（表5-4），主要包括序号、采精日期、采精次数、射精量、原精液品质、稀释精液、授精母羊数，养殖企业可根据实际情况作相应调整。

表 5-4　湖羊种公羊精液品质记录表

登记人员：_____

序号	采精日期	采精次数	射精量（毫升）	原精液品质				稀释精液			授精母羊数
				色泽	气味	密度	活力	稀释倍数	密度（个/毫升）	活力	

[第六章] 引种与保种

第一节　湖羊的引种

湖羊主要产于太湖流域，分布在浙江省的湖州、嘉兴、桐乡和杭州市郊等，江苏省的无锡、苏州、常州和镇江等地也有饲养。湖羊的引种主要是外省从江苏省引种。引入的湖羊能否在当地环境保持原有的特征、生产性能以及正常生产和繁殖，是判定引种是否成功的标志。

一、湖羊引种实例

湖羊引种一般遵循两个原则：生态系统环境相似性原则与社会经济发展需求原则。同时，由于湖羊具有耐粗饲、环境适应能力强等优点，全国大部分地区地都已成功引入湖羊。

以浙江省长兴辉煌牧业有限公司为例。2013年，该公司1 500只湖羊种羊引入西藏，成立了现代化湖羊养殖基地；2015年，先后1 200只湖羊种羊引入贵州，500只湖羊种羊引入安徽，3个月陆续产羔300多只。湖羊因其较强的环境适应能力，引种成功率较高，几乎全国各地都适合湖羊引种。

二、湖羊引种流程

（一）引种前准备

1. 制订引种方案（计划）　认真分析湖羊引种的可行性、必要性，落实专业的选种人员。确定引种后，根据两地距离、可通行性等，安排交通工具和接应人员，确保引种顺利。明确引种公、母比例，数量，尽量从大型养殖场或者良种繁育场引进。

2. 完善基础设施 湖羊引种前应修葺羊舍或腾出空羊舍，确保湖羊引进后有饲养场地。羊舍应具备良好的环境，光照充足、通风透气、干净卫生。湖羊引进前羊舍需进行全面消毒，预防疫病发生，消毒方法有化学消毒法（如生石灰、新洁尔灭等消毒剂消毒）和物理消毒法（紫外光照、高温蒸汽消毒）等。

3. 落实引种方案 正式引种前3～7天，专业引种人员亲赴引种单位，对湖羊的种质资源、特性、饲养管理方式、疫病防控情况、种羊价格等进行全面了解和确认，按引种方案保质保量地购买湖羊种羊，通过事先安排的交通工具和接应人员顺利将种羊带回。

（二）引种

种羊首先应根据湖羊外貌特征来选择，其次尽可能查阅系谱。湖羊种羊选择以成年羊为主，并确保其健康状况良好，没有任何外部损伤。

1. 体形外貌 体格结实，无角，前胸深宽、体躯狭长、背腰平直，头狭长、耳大下垂，颈细长，四肢细而高，白色被毛。

2. 种羊卡片 查看种羊年龄、系谱、配种记录、后裔情况、防疫情况。如无种羊卡片，可从牙齿磨损情况初步判断年龄。

3. 健康状况 健康羊活泼，两眼有神，食欲、性欲旺盛，四肢有力，体温正常；病羊呆立，两眼无神，食欲不振，四肢无力，体温高。

4. 种羊系谱资料 通过完整的系谱资料，能了解种羊的血缘关系，确定其父母、祖父母的生产性能，以预测本身的生产性能。

5. 防疫情况 必须了解种羊疫病发生情况，每一只种羊应配套检疫证明，如果没有需向引种单位获取。原则上不引进无检疫证明的种羊。

（三）引种运输

种羊需在运输前喂足饲料和饮水，运输车辆车厢羊只密度不宜过大，运输途中注意羊群应激反应，做好及时护理准备。

1. 短距离引种 一般以汽车为主，如山东、安徽等邻省。运输车辆需用10％生石灰水或3％～5％烧碱水消毒。

2. 中长距离引种 如云南、河南等地，使用汽车、火车等运输，或者引进胚胎和精液。个体运输过程中要备好饲料、应急物品（药品、手术器械等）。

（四）引种后饲养管理

湖羊引入之后，根据原来的管理方式，选择适宜的日粮和饲养习惯，要求圈舍清洁、干燥、通风，单独隔离饲养45天，逐渐过渡到当地的饲养管理模式。为了防止原产地与引入地环境差异过大引起的水土不服，可以购买原产地的饲料、饲草，饲喂引入初期的湖羊。如果有条件，引种第一年尽量建立与原产地接近的饲养管理制度，之后逐步加强适应性锻炼、改变饲养管理环境，使其逐渐适应引入地的环境。

三、注意事项

（一）确定可行性、必要性，避免盲目性

不仅要考虑引种地区生态环境，还要考虑当地社会经济情况，具有发展、推广潜力，能提高经济效益的，才适合引种。

（二）确定供种单位

供种单位应拥有良好的信誉，规模较大，具有完善的饲养管理、疫病防控制度，能够提供完整的种羊信息。

（三）确定种羊引种数量

一般引种包括成年羊、青年羊以及羔羊。种公羊引种需检查生殖器官与精液品质（精子活力＞0.8，密度中等以上）。种公羊与种母羊比例为1：（20～30）。

（四）确定引入个体

引入个体要注重其生长发育状况、生产力高低，同批次个体应具有较高的整齐度。此外，应了解引入个体遗传状况，避免引入有遗传缺陷的个体。

（五）确定引种时间

为避免引入个体生活环境突然变化，应有一个逐步适应的过程。引种时要注意原产地与引入地的季节差异，一般选择春、秋季节，尽可能避免在夏天引种。例如，从低海拔地区向高海拔地区引种，最好在冬末、春初进行，此时两地气候条件接近，湖羊更容易过渡。

（六）确保种羊健康状况

湖羊引种时检疫隔离严格按照国家规定执行，确保引入湖羊无疫病、安全后才可以正常入群饲养。一般湖羊引种必须在隔离场观察 30 天后，才能正式进入羊舍圈养。

（七）确定引种运输条件

根据原产地与引入地距离确定运输方式，省内或邻省可以直接用汽车运输湖羊个体；跨多个省份引种可以通过引进胚胎、冷冻精液到当地进行培育。汽车运输时，押运人员需要有一定专业知识，能处理紧急事件。要办好过境证明，如湖羊检疫证明、运输证明等。根据行程远近备好运输途中湖羊所需的饲料、饲草。

（八）确定引进种羊的饲养管理制度

种羊引进后，需制定严格的饲养管理制度，加强适应性锻炼，逐步适应当地环境。

四、湖羊引种技术规程与标准

（一）湖羊引种技术规程

以山东省引种为例。

（1）生态环境　山东省与江苏省生态环境相似，适合引种。如环境差异较大，在条件允许的情况下可以建立与原产地相似的小环境，作为过渡性引种的初始场地。

（2）引种时间　江苏省与山东省气候环境接近，气温变化不明显，在春夏交接或者秋季引种利于湖羊生活环境过渡。

（3）种羊选择　纯种湖羊早期生长发育快、性成熟早、繁殖性能高、耐高温、耐湿、耐粗饲，具有良好的肉用性能和羔皮用性能。

（4）引入羊群结构　比例搭配合理，参考本章第一节确定种羊引种数量。

（5）防疫情况　以《种畜禽调运检疫技术规范》(GB 16567—1996) 标准执行。

（6）引种运输条件与饲养管理　参考本章第一节。

（二）湖羊品种标准

参照《湖羊》(GB 4631—2006)。本标准适合养殖场、企业纯种湖羊的鉴定和分级。

第二节　湖羊的保种

湖羊是世界著名的多羔绵羊品种，具有四季发情、性成熟早、繁殖力高、早期生长快、耐粗饲等优点。其羔皮性能和肉用性能优良，具有较高的经济价值，同时因其繁殖力高，还是杂交改良的优秀母本。但是，随着湖羊杂交改良工作的开展以及对地方品种保护的忽视，种质遗传资源面临巨大的挑战，湖羊的羔皮、肉用等性能有所下降。因此，对湖羊进行一定程度的保种具有重要的现实和历史意义。

一、影响湖羊保种的因素

（1）群体有效含量　湖羊群体具有繁殖能力的个体数。

（2）留种方式　随机留种与家系等量留种。

（3）性别比例与世代间隔。

二、湖羊保种方法

（一）原位保种

在原产地建立湖羊保种场或者自然保护区，对湖羊群体进行主动选育利用，使其遗传多样性（包括等位基因变异、基因型变异等）既能短期利用又能长期保存。

（二）异位保种

把湖羊的遗传物质，在脱离其正常生产或居住环境的条件下保存，以便将来可以重建湖羊群体。该方法可以作为原位保护的辅助性手段，主要是通过冷冻技术保存湖羊配子或者胚胎。

三、湖羊保种措施

1. 制订湖羊保种计划 湖羊保种的主要目的就是保护其特殊性能，如繁殖性能、产肉性能、泌乳性能、羔皮性能等。保种计划包括湖羊保种意义、保种目的、保种年数、保种群规模、保种地点、繁殖方法等。

2. 建立核心群 湖羊保种核心群应考虑湖羊的繁殖性能、产肉性能、泌乳性能、羔皮性能，可以按这些优良特殊性能分别建立核心群，且核心群的有效规模不得小于 100 只。保种核心群的湖羊之间原则上不能有亲缘关系。

3. 选择保种基地 要规划专门的湖羊保种基地，防止与其他品种杂交。基地尽可能位于原产地，如果更换地点，生态环境一定要适合。基地要有足够的载畜量；饲料、饲草资源丰富。在条件允许的情况下，保种群与其他群体有明确的地理界限，可以形成地理隔离。

4. 选择合适的留种方式 采用家系等量留种法选留优秀个体，对核心群内出生的所有后代进行鉴定、选留，包括鉴定体形外貌，测定初生体重、体尺，记录同胞数，鉴定羔皮等级等。核心群的后备公、母羊需建立系谱记录，通过个体生长性能测定和后裔测定进行选留。核心群每年按 30%～40%的比例更新。

5. 选择合适的交配方式 在尽可能避免近交的前提下，公、母羊进行随机等量交配。

6. 延长时代间隔 湖羊保种群需延长时代间隔，降低单位时间内的遗传漂变和世代数。一般可以采用冷冻精液或冷冻胚胎的方法。

7. 动态保种 湖羊保种群需每年更新，维持一个动态保种的过程。随着时间的推移，部分特性会因为近交等原因产生变化，如繁殖性能、产肉性能等下降。因此，在保种群中发现有明显性状缺陷的个体要及时淘汰。

四、保种效果的监测与保种方案的调整

湖羊保种群建立之后，必须建立保种效果监测体系，及时了解湖羊群体遗传特征的变化情况，通过分析具体原因来确定是否需要调整保种方案。

（一）保种效果检测体系

保种效果检测体系包括体形外貌、体重体尺、生产性能、繁殖性能检测以及采用中性结构基因和微卫星标记检测群体的遗传多样性，监测保种效果状况。前 4 个指标的测定参考第二章。

（二）保种方案的调整

（1）根据实际情况，酌情扩大湖羊保种群体有效规模。

（2）保种期间内，湖羊冷冻精液和冷冻胚胎技术成熟应用后，可淘汰部分公羊，甚至终止活体保种。

五、对保种工作的建议

（1）在既有保种场规范、有效地做好保种工作的同时，可吸纳社会资本，依靠龙头企业，选择合适企业（如获得种畜禽生产经营许可证的企业）参与保种，实行多点竞争、点面结合的保种格局。

（2）保种工作不是"看天吃饭的工作"，不能"等靠要"，也不是"只要有一定量的群体存在就认为保种没有问题"，而是一项具有很强专业性的工作，需要高校科研院所和保种企业合作。

（3）保种不是消极保护湖羊群体，而应该坚持保种与利用有效结合，相互促进。

［第七章］繁殖技术

第一节　性发育时期

一、性成熟、初次配种年龄与最佳繁殖周期

（一）性成熟、初配年龄

湖羊性成熟是指性器官已经发育成熟，已产生具有繁殖能力的生殖细胞和性激素。性成熟和初配年龄因品种和饲养管理有所差异：湖羊性成熟比较早，公、母羊一般4月龄即可排出成熟的精子和卵子，但此时因羊的年龄较小，不适合配种。湖羊的初配年龄母羊一般选择在7月龄以后，体重达到35千克，公羊则在8月龄以后，体重达到45千克以上；湖羊的繁殖年限一般5～7岁；一般初配羊只要达到成年羊体重的60%～70%即可配种。

湖羊母羊的繁殖能力有一定的年限，随着年龄的增长，卵巢生理功能逐渐退化，繁殖能力下降甚至不再出现发情和排卵。绵羊的繁殖停止年龄一般在8～11岁。

（二）最佳繁殖周期

湖羊产羔周期的长短，直接影响到养羊户的平均年收入及产羔数，适宜的繁殖周期利于母羊体况恢复、羔羊生长发育及提高母羊终生繁殖力。

湖羊四季发情，其营养状况对发情有一定影响。若羊群膘情适中，不瘦弱或肥胖，其发情会相对较为集中。

目前湖羊大多为2年3产，平均每8个月产羔1次，个别体况好、饲养管理水平高的母羊能达到 1 年 2 产，另一部分母羊介于 2 年 3 产和 1 年 2 产之间。

二、规模化羊场羊群生产周期模式

繁殖母羊（基础母羊）在产后 60～70 天会再次安排配种，进入下一个妊娠、产羔、哺乳的繁殖周期。所产羔羊在断奶后，将 20% 的繁殖母羊留作后备母羊，在 7 月龄以后可配种，以便更新老龄繁殖母羊。用于留种断奶之外的羔羊，断奶后经 3～4 个月的精心培育或快速育肥，当体重达到 35～40 千克便可出栏。

第二节 发 情

一、发情季节

湖羊属于不多见的四季发情绵羊品种，每 17 天为一个发情周期，发情频率会受性刺激、营养状况的影响。

若在营养状况良好的发情期初期母羊群中引入公羊，在引入公羊后 35 小时，60%～90% 的母羊会出现促黄体素排卵峰，65～72 小时发生排卵。虽然第一次排卵时有些羊表现安静发情，但在引入公羊后 17～24 天出现第二次发情周期均可表现正常发情。湖羊公羊全年均可配种，以春、秋季性欲最高，精液质量最好。

二、发情征兆

湖羊母羊的发情精神表现不明显，一般可见阴唇黏膜红肿，有黏性分泌物从阴门内流出，主动接近公羊，并接受公羊爬跨。相比于成年母羊，处女羊发情的表现不明显，有的甚至拒绝公羊爬跨。公羊常闻嗅发情母羊的阴部和母羊撒在地上的尿液来寻找爬跨对象。此时，饲养管理人员要注意观察，可用公羊试情，以便及时发现发情母羊。

正常发情主要有 3 方面的变化，即卵巢变化、生殖道变化和行为变化。一般来说，在发情盛期最为明显，在发情前期和后期则减弱。

三、发情持续期

发情持续期即从发情征兆开始到发情征兆结束所持续的时间。湖羊的发情持续期为 24～36 小时，可分为发情前期、发情期、发情后期、间情期 4 个阶段。

四、发情周期

母羊从前一次发情到下一次发情，其性器官及整个有机体发生一系列周期性的变化，称为发情周期。湖羊的发情周期平均为 17 天（14～20 天），初情期和老龄羊在繁殖季节可出现 5～12 天的短周期。母羊在产后若在繁殖季节内仍能发情，称为产后发情。产后发情的时间为产后 20～60 天，平均为 35 天。

第三节 配 种

一、配种季节

湖羊是四季发情动物，能全年发情配种。

湖羊发情持续期为 1～2 天，发情周期平均 17 天，妊娠期平均 146.5 天。选择适宜的配种期依饲养地的气候、牧草条件、母羊膘情和最适宜的接羔时间而定；此外，还须考虑羊繁殖的季节特点及产品的上市时间，同时也考虑饲料、羊舍和劳力等因素，而以产冬羔为最佳。若要 1～2 月份产羔，8～9 月份配种；若要 3～4 月份产羔，10～11 月份配种。

一般情况下无论公、母，均以春、冬和秋季出生的为好，夏季较差；羔羊 3～6 月龄体重，无论公、母均以春季出生为好，冬季次之，秋季又次之，夏季最差。羔羊的存活率以冬、秋和春季出生的为高，夏季为低。综合全面比较，冬季或春季产羔最好秋季次之，夏季最差。

湖羊公羊在不同的季节，其繁殖效能有一定的差异，精液品质最好的季节是秋季和春季。在气温高的季节性欲低、精液品质差，不适于配种。

二、配种时间

精卵需要在合适的时间、地点相遇，才能形成受精卵。因此，须选择适宜的配种时机。母羊情期的持续时间约为 36 小时，排卵时间在发情 27 小时之后，排出的卵子寿命为 9 小时左右，故配种一般在发情开始后 12～24 小时。在实际生产中，一般上午发现发情母羊，下午 16：00～17：00 进行第一次交配或输精，第二天上午进行第二次交配或输精；如果是下午发现发情母羊，则在第二天上午 8：00～9：00 进行第一次交配或输精，下午进行第二次交配或输精。多次受精的目的在于保证受胎率。

三、配种方法

（一）自由交配

在配种期内，根据母羊的多少，将选好的种公羊与母羊群混群饲养，自由寻找发情母羊进行交配。这种方法省工省料，一般适合分散的生产单位，只要公、母比例适当（1：30～40），公羊精力旺盛，精液品质好，受胎率也相当高。但该方法也存在不足，如配种时间无法掌握，无法控制产羔时间；公羊追逐母羊，无限制交配，不安心采食，影响健康和母羊采食；后代血统不明，易造成近亲交配或早配，难以实施计划选配；无法确知预产期，容易传染生殖道疾病。为了克服上述缺点，可在非配种季节把公、母羊分群饲养管理，配种期内将适量的公羊放入母羊群，一年更换一次公羊，交换血统。

（二）人工辅助交配

人工辅助交配也称个体控制交配，是将公、母羊分群饲养，在配种期用试情公羊对母羊进行试情，再将挑选出来的发情母羊与指定公羊交配。该方法能使发情母羊有计划与公羊交配，利于提高公羊利用率，合理选种交配。且记载了公、母羊养殖编号、配种日期，可了解后代的血缘关系，预测分娩期，节省公羊精力、增加受配母羊头数。交配时间一般是早上发情傍晚配种，下午或傍晚发情第二天早上配种。但是为确保受胎，最好在第一次交配后间隔12小时左右再配种一次。

（三）人工授精

人工授精是用器械采取公羊精液，经过品质检查、活力测定、稀释等处理，然后输到发情母羊的生殖器官中，使母羊受胎的配种方式。人工授精可以充分利用优良种公羊的潜在繁殖能力，提高母羊的受胎率，加速湖羊品种改良。公羊采精一次可配10～15只母羊，一个繁殖季节可配300～500只母羊。此方法有效地克服了公、母羊体格差异太大造成的配种困难。用超低温可以长期保存精液并可以使精液的使用不受时间和地域的限制，大大地提高了湖羊优良品种的覆盖率。

第四节 妊 娠

妊娠是指哺乳类雌性动物在体内有一个或多个胎儿或胚胎。母羊交配以后就不再发情，表示已经妊娠。在湖羊的繁殖过程中，母羊排卵，公羊精子进入母羊生殖道，精子和卵子在输卵管结合，受精卵在子宫着床等部分，是其能否妊娠的关键环节，缺一不可。受精卵在母羊体内发育成胎儿至出生的时间成为妊娠期，一般为5个月左右，湖羊平均为146.5天。母羊妊娠后，食欲有所增加，毛色光亮，体态逐渐丰满，性情温驯，阴唇收缩，阴门紧闭，黏液浓稠。妊娠后期，乳房肿胀，排粪、尿的次数增多，腹围增大，呼吸加快。根据配种日期和妊娠期可以预测母羊的分娩日期，以便更早做好接产的准备工作。

第五节 分 娩

妊娠母羊将发育成熟的胎儿和胎盘从子宫排出体外的过程称为分娩或产羔。根据母羊产前征兆预测大致的分娩时间，以便做好接羔工作。

一、分娩预兆

临产的母羊腹部下垂，乳房肿胀圆滚，乳沟填平，乳头发红肿胀，行动迟缓，阴门肿胀、产道松弛，排尿次数增加，食欲减退，起卧不安，喝水次数增加，前蹄刨地，回头望腹，不时鸣叫。当母羊阴门流出浓稠的长串黏稠物并卧地努责时，马上就会分娩。

二、产前准备

产羔前一周，应将接羔的场所及所有用具清洗，用3%～5%氢氧化钠溶液消毒，产房应背风向阳，干燥保暖，冬季要做好羊舍保暖措施。备足饲料和草料以及褥草和相应的药品，如催产素、三合激素、抗生素等。

三、胎位和胎势

胎位是指胎儿背部与母体背部之间的关系。胎势是指胎儿身体各部分之间的关系。当胎位不正或遇到初产、老龄、母羊体弱、产道狭窄、羔羊太大难产时，须进行助产。

（一）正常胎位

正常分娩的胎位有3种：①两条后腿并拢伸向产道，后腿悬蹄朝上；②头夹在伸向产道的两前腿之间；③一个胎儿正生，一个胎儿倒生，一前一后，分别产下。胎位正常时无需助产。

（二）异常胎位

胎位不正或胎位异常均会造成难产，需要人工助产。羊的异常胎位有 6 种：①头出前肢不出；②前肢出头不出；③前肢先出胎势上仰；④后肢先出胎势上仰；⑤臀部先出；⑥四肢先出。

四、接羔与助产

湖羊母羊产羔时一般不需助产可自行产出。羊膜破裂后几分钟到 30 分钟便可以产出，接羔人员应观察母羊分娩过程是否正常，并对产道进行必要的保护。母羊产羔时尽量保持产羔室周围环境的安静，尤其对初产母羊格外注意。羔羊出生时一般先看到其前肢的两个蹄，接着是嘴和鼻，到头露出后即可顺利产出。产多羔的母羊在一只羔羊产出后，母羊疲倦无力、需要助产。羔羊生下 0.5～3 小时胎衣即脱出，要及时取走，防止被母羊吞食。羔羊生出后要及时将口腔、鼻腔及胃黏液擦净并倒提轻轻拍打左胸部，若发现活羔出生后活力较差，不动弹，有假死的现象，可一手倒提羔羊的两只后肢，另一手托住羔羊背部，使其腹部朝上，然后将后肢往前肢方向靠拢，往复 3～5 次，用以帮助羔羊恢复呼吸，恢复活力。羔羊出生后脐带一般会自然扯断，若人工剪脐带，可先用手将脐带内的血顺至羔羊体内，在距离腹部 4～6 厘米处消毒、结扎并用剪刀剪断，再次消毒。湖羊母羊在产羔后会将其羔羊身上的黏液自行舔干净。如果初产母羊不舔，可在羔羊身上撒些麸皮促使母羊将它舔净。产后给母羊和羔羊编上相同的临时号以利辨认。1 周内圈在可移动的母子栏内哺乳。

[第八章] 提高繁殖力的措施与通用繁殖技术

第一节 提高繁殖力的措施

一、湖羊繁殖力的影响因素

1. 遗传因素 品种不同繁殖力也不同。湖羊一般能1年产2胎或2年产3胎，双羔常见，多的每胎产4只以上。自然选择和人工选择取决于不同品种的繁殖力，通过选种能有效地提高湖羊的多胎性。

2. 营养因素 营养条件对湖羊繁殖力影响较大，加强饲养是提高绵羊繁殖力的有效措施。在配种前2~3周对母羊进行短期优饲，常能提高母羊的排卵率和公羊的精液质量，营养不良会使排卵数目减少。

3. 温度因素 在夏季气候炎热时，湖羊公羊射精量会相对减少些，精子活力也相对下降，但在炎热天气为湖羊公羊做好遮阳降温措施，即可提高和保证精液质量，不影响受胎率和产羔率。

4. 年龄因素 湖羊母羊的产羔率一般随年龄的增加而增加，繁殖力在3~4岁时最高。湖羊公羊常在2~4岁时繁殖力达到最高峰。无论公羊或母羊，7岁以后繁殖力均已逐渐下降。

5. 技术因素 合理利用选种选配、人工授精、超数排卵以及胚胎移植等技术，可高效提升湖羊的受胎率和产羔率。

二、湖羊繁殖力的提高途径

1. 湖羊种公羊的选择　选择产 2 羔以上的、体型外貌符合湖羊标准的育成羊作为后备公羊，后备公羊初配后要对其后代进行生产性能测定，符合要求的才可以作为种公羊。种公羊要选择体型外貌健壮，及时发现并剔出不符合要求的公羊。

2. 湖羊母羊的选择　应从多胎的母羊后代中选择优秀个体，选择母性较好的母羊提高适龄母羊在羊群中的比例，及早淘汰母性差、体质弱、不孕母羊，使得适龄繁殖母羊比例不断扩大，保证羊群的正常繁殖生理机能。

3. 选配　是根据湖羊养殖生产的目标或需要，有计划有目的地选择公、母羊的交配措施，选配也是提高繁殖力的重要技术措施。例如，用双羔或双羔以上公羊配双羔或双羔以上的母羊，提高产羔率及羔羊质量；或用生长速度快，产双羔的公羊配产双羔的母羊等。

4. 改善饲养管理　良好的饲养管理可以提高湖羊种公羊的性欲、改善精液品质。在配种前及配种期，应给予公、母羊足够的营养。注意种公羊配种前一个半月和配种期的饲料，做到满膘配种。用全价的营养物质饲喂公羊，受胎率、产羔率都会在一定程度上得到提高，羔羊初生重也相对较大。加强湖羊母羊妊娠后期和哺乳前期的饲养，保证足量的配合精料及优质饲草的供应，任何微量元素的缺乏都会影响到湖羊的各种基本功能，包括繁殖性能等。母羊在妊娠期间，如果饲养管理不当，可能引起胎儿死亡。对于羔羊要加强护理，及时吃上初乳、诱导开食，适时适量补充精料，保持环境卫生状况的良好，则可以提高羔羊存活率。

5. 加强选种和选配　受胎率与配种时间密切相关，合理选配，单、双胎的公、母羊，不同组合的配种，双羔率不一样。采用双胎公羊配双胎母羊，可显著提高双羔率。母羊年龄不同，配种时间也不同，一般是"老配早，少配晚，不老不少配中间"。

母羊的选择至关重要，第 1 胎即产双羔的母羊，具有较大的繁殖力。选择头胎产双羔和前 3 胎产多羔的母羊，可以提高母羊的双羔率和繁殖力。

6. 利用多胎基因 利用湖羊多胎的品种特性与地方品种羊杂交，可以高效快速地提高繁殖力以及生产效益，如利用湖羊等多胎品种作母本与外来肉用品种进行杂交，杂交后代的杂种优势明显，可显著增加生产效益。

7. 采用繁殖控制技术 合理利用繁殖新技术如人工授精、胚胎移植、超数排卵等繁殖新技术。这些新技术能大大提高母羊的繁殖效率。

第二节　冷冻精液技术

冷冻精液技术能提高高品质种公羊的利用率，大幅度减少种公羊数，在节约饲养管理费用的同时，冷冻精液也可以作为商品，产生额外的经济效益。

一、冷冻精液技术原理

利用液氮（－196℃）或干冰（－79℃）将精液储存在超低温环境下，使精子处于休眠状态，代谢几乎处于停止状态，从而延长精子的存活时间。需要注意的是，精子在－50～－15℃的低温环境中容易形成冰晶，使精子顶体和细胞膜受损。因此，在冷冻和解冻精液时，都需要快速降温和升温，避免形成冰晶。

二、操作过程

1. 采精前的准备

（1）种公羊采精调教　一般说，公羊采精较为容易，但是初次参加配种的公羊，就不太容易采出精液来，在这种情况下可采取以下措施：

①同圈法　将不会爬跨的公羊和若干只发情母羊放一起过段时间或与母羊混群饲养几天后，公羊便开始爬跨。

②诱导法　在其他公羊配种或采精时，让被调教公羊站在一旁观看，并诱导它爬跨。

（2）器械洗涤和消毒　人工授精所用的器械在每次使用前必须消毒，使用后要立即洗涤。新的金属器械表层会有一层油渍，因此要先擦去油渍后洗涤。每次使用后的器械需要先用清水冲去残留的精液或灰尘，然后用少量洗衣粉洗刷，用清水冲去残留的洗衣粉后用蒸馏水冲洗 1~2 次。

2. 采精

（1）台羊准备　选择发情好的健康母羊作台羊，后驱应擦干净，头部固定在采精架上（架子自制，通常为一个羊体高）。如果采精的公羊训练良好，可不用发情母羊作台羊，此外还可用公羊作台羊、假台羊等都能采出精液来。

（2）种公羊准备　种公羊在采精前，用湿布将包皮周围擦干净。

（3）假阴道的准备　将用 75％酒精消毒过的、完全挥发后的橡皮内胎，用生理盐水棉球或稀释液棉球从里到外擦拭，在假阴道一端扣上消毒过并用生理盐水或稀液冲洗后甩干的集精瓶。在外壳中部生水孔注入 40℃温水 150 毫升左右，拧上气卡塞，套上双连球打气，使假阴道的采精口形成三角形或 Y 形，并好气卡。最后把消毒好的温度计插入假阴道内测温，温度在 39~40℃为宜。在假阴道内胎的前 1/3，涂抹稀释液或生理盐水作润滑剂，就可立即用于采精。

（4）采精操作　采精时，采精员右手握假阴道，蹲在台羊右侧后方，假阴道和地面约成 35°。当公羊爬跨、伸出阴茎时，左手轻轻托起阴茎包皮，同时快速地将阴茎导入假阴道内。当公羊射精完成从台羊身上滑下时，将假阴道取下，立即使集精瓶的一端向下竖立，打开气卡活塞，放气卡取下集精瓶，送操作室检查。

采精时，注意力必须高度集中，动作要到位，做到稳、准、快。

（5）注意事项　种公羊每天可采精1～2次，连续采3～5天，休息1天。必要时每天采3～4次，2次采精后，让公羊休息2小时后，再进行第3次采精。

3. 冷冻保存

（1）配制冷冻精液稀释保护液，混合新鲜精液用注射器分装进0.25毫升细管内，并用塑料珠封口。冷冻精液稀释保护液参考配方见表8-1～表8-4。

表8-1　稀释液的配方Ⅰ（液态保存时使用）

成分	Tris	果糖	柠檬酸	卵黄	蒸馏水（加至）	抗生素
用量	2.422克	1克	1.36克	20毫升	100毫升	青霉素、链霉素各10万单位

表8-2　稀释液的配方Ⅰ（冷冻保存时使用）

成分	Tris	果糖	柠檬酸	卵黄	甘油	蒸馏水（加至）	抗生素
用量	2.422克	1克	1.36克	20毫升	8毫升	100毫升	青霉素、链霉素各10万单位

表8-3　稀释液的配方Ⅱ（液态保存时使用）

成分	Tris	果糖	柠檬酸	卵黄	蒸馏水（加至）	抗生素
用量	3.025克	1.275克	1.7克	20毫升	100毫升	青霉素、链霉素各10万单位

表8-4　稀释液的配方Ⅱ（冷冻保存时使用）

成分	Tris	果糖	柠檬酸	卵黄	甘油	蒸馏水（加至）	抗生素
用量	3.025克	1.275克	1.7克	20毫升	5毫升	100毫升	青霉素、链霉素各10万单位

（2）将封有精液的细管整齐排列于冷冻网上，距离液氮面2.5厘米停留5分钟以上，再浸入液氮中存储。

第三节　人工授精

（一）冷冻精液解冻

取一支细管精液，置20℃水浴条件下缓慢摇晃，直至精液全部融化。冷冻精液解冻后应尽快进行输精。

（二）精液品质检查

1. 肉眼观察　正常精液为乳白色，极为浓稠，无味或略带腥味。凡带有腐败味，出现混有红色、褐色、绿色的精液均不可用于输精。湖羊正常的射精量范围是1.0～2.0毫升，平均为1.5毫升。

2. 精子活率检查　在载玻片上滴原精液或稀释后的精液1滴，加盖玻片，在30℃温度下，用300～600倍显微镜检查精液质量。精子运行方式有3种，包括直线前进运动、回旋运动和摆动。其中只有直线前进运动的精子才是有活力的，评估直线前进运动的精子所占的百分率，通常是用十级评分法。即约有80%的精子做直线前进运动的评为0.8，有60%精子做直线前进运动的为0.6，依次类推。湖羊原精液活率一般可达0.8以上，冷冻精液的活力要求在35%以上。在检查（评定）精子活率时，要多看几个视野，不能只观察一个视野来评定，需要上下扭动显微镜细螺旋，观察上、中、下三层液层的精子运动情况，才能较精确地评出精子的活率。

3. 密度检查估测法　在检查精子活率的同时进行精子密度的估算。在显微镜下根据精子稠密程度的不同，将精子密度评为密、中、稀三级，密级为精子间空隙很小不足一个精子长度，中级为精子间有1～2个精子长度空隙，稀级为精子间空隙超过2个精子长度以上，"稀"级精子不可用于输精。

（三）液态精液稀释

原精液活率在 0.6 万以上可用于稀释输精。

1. 精液低倍稀释 在原精液量够输精时，则可以不用再进行稀释。当不够母羊配种时按需要量作 1：（2～4）倍稀释，要把稀释液加温到 30℃，再把它缓慢加到原精液中，摇匀后即可使用。

2. 精液高倍稀释 以精子数、输精剂量、每一剂量中含有 1 000 万个前进运动精子数，结合最后输精时间的精子活率，来计算出精液稀释比例，方法与低倍稀释相同。

（四）输精

1. 母羊保定 介绍一种不需输精架的倒立保定法，这种方法没有场地限制，在任何地方都可输精。保定人员双腿夹住母羊头部，抓住其后腿并提到腹部，使母羊呈倒立状即可。

2. 输精方法

（1）子宫颈口内输精 把输精母羊稳妥保定后，输精人员左手握住开腔器打开母羊阴门（图 8-1），右手持输精器，插入子宫颈口内，深度约 1 厘米。用手指稍退开腔器，输入精液，先把输精器退出，后退出开腔器。用生理盐水棉球或稀释液棉球，将输精器上沾的黏液、污物自口向后擦去。

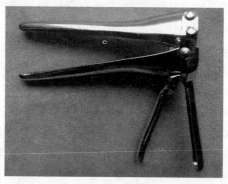

图 8-1　开腔器

（2）阴道深部输精　将装有精液的塑料管从液氮箱中取出（需多少支取多少支，余下精液仍盖好），放在室温中升温几分钟后，将管子的一端封口剪开，通过镜检精子活率合格后，将剪开的一端从母羊阴门向阴道深部缓慢插入，遇到阻力时停止，再剪去上端封口，精液自然流入阴道底部，拔出管子，把母羊轻轻放下即可。

第四节　胚胎移植

一、胚胎移植的原理

胚胎移植是从超数排卵处理母羊（供体）的输卵管或子宫内取出多枚早期胚胎，移植到另一群母羊（受体）的输卵管或子宫内，以达到产生供体后代的目的。受体母羊并没有将遗传物质传给后代。

二、胚胎移植的操作流程

（一）供体母羊的选择和检查

供体母羊一般要求品种优良、生产性能好、遗传稳定、系谱清楚、体质健壮、繁殖机能正常，无遗传和传染性疾病，年龄在2.5～6岁。此外，供体母羊发情周期要有记载，便于选择合适的超数排卵处理时间。

（二）供体母羊的超数排卵处理

超数排卵指在母羊发情周期的第15～17天时，注射外源促性腺激素（FSH或PMSG），诱发卵巢更多卵泡发育。

（三）供体的配种或人工授精

通过公、母羊自由交配或人为将公羊精液输入到母羊子宫颈或子宫腔内。

（四）受体母羊选择

受体母羊一般选择繁殖功能正常的母羊即可，并记载受体母羊的发情周期。

(五) 同期发情

供、受体母羊的同期发情处理，即对供体与受体同时注射孕激素。

(六) 供体母羊的胚胎收集

胚胎采集前，供、受体羊应停食 24～48 小时，给予适量饮水。胚胎的冲洗方式有两种：

（1）由宫管结合部冲向输卵管伞，此法冲胚率高，很少损害生殖道。

（2）由子宫角尖端冲向子宫角基部，此法用于发情 5 天以后收集子宫的胚胎。胚胎回收率比输卵管采胚法低，冲卵液用量多、费时，但对输卵管的损伤甚微。

(七) 胚胎的检验、分类、保存

胚胎鉴定的主要内容有：胚胎发育的阶段、形态、大小和色调，卵裂球的大小及均匀度，细胞密度，胚内细胞大小和形态，细胞质的结构与颜色，胚内是否出现空泡、透明带及胚内细胞碎片存在与否。短期保存的移植到新鲜的 PBSS 中，可常温下保存 4～5 小时；长期保存可以混合适量低温保护液（如甘油在羊胚胎中的保护效果较好）放入液氮中。

(八) 受体母羊移入胚胎

受体羊要求术前停食 12～24 小时，在乳房前的中线两则各 2 厘米处分别做两个小切口，以便于插入腹腔镜头和固定钳。借助腹腔镜进行黄体计数并用固定钳固定宫管结合部，从乳房前腹中线上插入长 7 厘米，内径 7 毫米的套管针，拔出针芯，伸入 18 号长针刺入子宫角，再将装有胚胎的毛细管通过子宫角上针头的穿孔插入 2～3 厘米，以保证毛细管尖端游离在子宫腔，再向后拉 1 厘米以防尖端黏着于子宫内膜内，然后将胚胎送入子宫。

(九) 供体、受体母羊的术后管理

注意提供环境的舒适，适当补充饲料，以便尽快进入下一次

胚胎移植。

第五节 早期妊娠诊断技术

早期妊娠诊断技术可以确定已妊娠的母羊，既有利于维持妊娠母羊健康状况，避免饲养管理不当导致流产，也能尽早发现未妊娠母羊，及时采取复配工作。

一、表观特征观察

母羊受孕后，在孕激素的制约下，发情周期停止，变得较为温驯。同时，孕羊的采食量增加，营养状况的改善促使其毛色发亮。

二、触诊法

使母羊自然站立，然后两手以抬抱方式在腹壁前后滑动，在乳房的前上方触摸是否有胚胎胞块。抬抱时动作要轻。

三、阴道检查法

妊娠母羊阴道黏膜的色泽、黏液性状及子宫颈口形状会伴随妊娠产生规律性变化。空怀母羊阴道黏膜始终是粉红色；而妊娠后，阴道黏膜由空怀时的淡粉红色变为苍白色，用开膣器打开阴道后，很快又会由白色转变成粉红色。妊娠母羊的阴道黏液呈透明状，量少且黏稠；子宫颈紧闭，色泽苍白并有糨糊状的黏块堵塞在子宫颈口，也被称作"子宫栓"。

四、其他方法

有条件的还可以使用免疫学诊断法、孕酮水平测定法以及超声波探测法。免疫学诊断法是用妊娠母羊血液、组织中的特异性抗原诱导制备抗体血清和待查母羊的血液混合，从而判定被检母羊是否妊娠。孕酮水平测定法是将待查母羊在配种五天后，采血制备血浆再采用放射免疫标准试剂与之对比。超声波诊断法是以高频声波对母羊的子宫进行探查，然后将其回波放大后以不同的信号显示出来。

[第九章] 常用饲料及其加工调制

第一节　常用饲料营养特点

湖羊的饲料种类很多，根据国际饲料分类法可将湖羊的饲料分为青绿饲料、青贮饲料、粗饲料、能量饲料、蛋白质饲料、矿物质饲料、维生素饲料以及添加剂八大类。

一、青绿饲料

青绿饲料（也叫青饲料、绿饲料），是指天然水分含量等于或高于60％，可以用作饲料的青绿多汁植物性饲料，因富含叶绿素而得名。主要包括天然草地牧草、栽培牧草、田间杂草、幼枝嫩叶、叶菜类、水生植物及非淀粉质茎根、瓜果、藤类等。青绿饲料蛋白质含量较高，富含多种维生素，纤维素含量较低，适口性好，消化率高，且种类齐全、来源广、成本低、加工简单，合理利用青绿饲料，可以节省成本，提高养殖效益。

湖羊常用的青绿饲料主要包括青牧草、青割饲料和叶菜类等。青牧草包括自然生长的野草和人工种植的牧草。自然生长的野草种类很多，其营养价值因植物种类、土壤状况等的不同而有所差异。苜蓿、沙打旺、草木樨、苏丹草等人工牧草的营养价值比一般野草要高。青割牧草是把农作物如玉米、大麦、豌豆等进行密植，在籽粒成熟之前收割，用作饲料。青绿饲料的利用要求如下。

（一）适时刈割

随着植物的生长，青绿饲料的营养价值也会随之发生变化。一般来说，不同的品种，不同的利用方法，不同的利用对象，其最佳的利用时间是不一样的。禾本科的最佳利用时间一般在孕穗期，豆科作物的最佳利用时间则在初花期至盛花期。青绿饲料若是直接饲喂，收割期可适当提前，若是作青贮利用和干草晒制则可适当推迟收割。

（二）力求新鲜

青绿饲料如果直接用来饲喂湖羊，一定要保证饲料新鲜干净。青绿饲料含水量较高，一般在85％以上，易腐烂，因此不易久存，如不进行青贮制作和干草晒制，则应及时饲用，否则会影响适口性，严重的可引起中毒。

（三）保证健康

适时刈割的新鲜青绿饲料，应摊开存放，避免堆积引起生物发酵产生有害毒素；有露水的青绿饲料应晾干后再进行饲喂。

（四）合理搭配

青绿饲料虽然是湖羊良好的饲料，但单位重量青绿饲料的干物质含量并不高，因而，营养价值也就相对欠缺，所以必须与其他饲料（如青干草、青贮饲料等）搭配利用，以求达到最佳的饲喂效果。根据反刍动物对粗纤维的利用能力较强的特点，湖羊日粮中可以草食饲料为主，辅以适量精料。

二、青贮饲料

青贮饲料是将含水量在65％～75％的青绿饲料切碎，在密闭缺氧的条件下，通过厌氧乳酸菌的充分发酵，来抑制其他各种杂菌的繁殖而得到的一种粗饲料。青贮饲料气味酸香、柔软多汁、适口性好、营养丰富且能够长期保存，是湖羊的优良饲料来源。

青绿饲料水分含量很高，不易保存。为了长期保存青绿饲料的营养特性，保证饲料淡季的供应，通常采用两种方法进行保存：一是将青绿饲料脱水制成干草；二是利用微生物的发酵作用调制成青贮饲料。青贮饲料的分类：

1. 一般青贮　将含水量在65％～75％的原料切碎、压实并密封，在厌氧环境下使乳酸菌大量繁殖，从而将饲料中的淀粉和可溶性糖变成乳酸，当乳酸积累到一定浓度以后，便可抑制腐败菌的生长，从而将青绿饲料中养分保存下来。

2. 半干青贮（又叫低水分青贮）　原料水分含量较低，微生物处于生理干燥状态，生长繁殖受到抑制，饲料中微生物发酵弱，养分不能被分解，从而达到保存养分的目的。该类青贮由于水分含量低，其他条件要求不严格，跟一般的青贮相比较，有更大的原料来源范围。

3. 添加剂青贮　指在青贮制作时加进一些添加剂来影响青贮过程中的发酵作用，这样可提高青贮效果，扩大青贮原料的范围。例如，添加各种可溶性碳水化合物、接种乳酸菌、加入酶制剂等，促进乳酸发酵，迅速产生大量的乳酸，使pH很快达到要求（3.8～4.2）；或加入各种酸类、抑菌剂等可抑制腐败菌等不利于青贮的微生物的生长；或加入尿素、氨化物等提高青贮饲料的养分含量。

三、粗饲料

粗饲料是指饲料中天然水分在60％以下，干物质和粗纤维含量18％以上，可利用养分少，并以风干物形式饲喂的一类饲料，主要包括干草、秸秆、秕壳、蔓秧、树叶及其他农业副产物。粗饲料种类多、来源广、价格低，是湖羊的主要饲料之一。其特点是粗蛋白质含量很低，一般为3％～4％；维生素极少，每千克秸秆含胡萝卜素2～5毫克；粗纤维含量高，为30％～50％；矿物质中钙多、磷少，硅酸盐含量高，总能高，但消化率低。

（一）干草

干草是指青草（或其他青绿饲料植物）在未结籽实前，刈割下来，经晒干（或其他办法干制）制成。通过制备干草，达到了长期保存青草中的营养物质和在冬季对湖羊进行补饲的目的。粗饲料中，干草的营养价值最高。青干草包括禾本科干草（黑麦草、狗尾草、羊草等）、豆科干草（苜蓿、红豆草、毛苕子等）和野干草（杂生野草）。优质青干草含有较多的蛋白质、胡萝卜素、维生素 E、维生素 D 及矿物质。

青干草的营养价值取决于制作原料的植物种类、收割时的生长阶段以及调制技术。禾本科牧草应在孕穗期或抽穗期收割，豆科牧草应在结蕾期或初花期收割。晒制干草时应防止曝晒和雨淋，最好采用快速烘干法。

（二）秸秆类

秸秆来源范围非常之广泛，农作物高粱、玉米、水稻、小麦等籽实收获后的茎秆和枯叶均属于秸秆类饲料。这类植物中粗纤维和木质素的含量较高，有机物质的含量很低，在湖羊体内的消化率一般小于 50%；蛋白质的含量也很低，除维生素 D 以外，其他维生素均缺乏，矿物质钾含量高，钙、磷含量不足。豆科秸秆饲料中蛋白质含量比禾本科的高。秸秆的适口性差，为提高秸秆的利用率，喂前应进行切断、氨化或碱化处理。秸秆经过适当的处理，补充适量的能量饲料和其他必需营养物质，仍可以满足湖羊的营养需求。在农区，秸秆饲料是冬、春季湖羊的主要饲料来源。

（三）秕壳类

秕壳类饲料是种籽脱粒或清理时的副产品，包括种籽的外壳或颖、外皮以及混入的一些种籽成熟程度不等的瘪谷和籽实，营养价值变化较大。豆科植物秕壳中的蛋白质要优于禾本科植物的秕壳。一般来说，荚壳的营养价值略好于同类植物的秸秆，但稻壳和花生壳除外。秕壳能值变动幅度要大于秸秆，主要受品种、加工贮藏方式和杂质多少的影响。秕壳具有吸水性，在贮藏过程中易发生腐烂变质，使用时一定要注意。

（四）树叶类

我国有一定的森林面积，在农区的道路两旁、田埂地边、房前屋后也有不少的树木。这些树木的树叶，除少数不能作饲用外，绝大多数树木的树叶（包括青叶和秋后落叶）、嫩枝及果实都含有湖羊所必需的营养物质，并有助于提高湖羊机体的免疫力，对湖羊无毒副作用，都可以作为湖羊的饲料。有些优质的青树叶还是湖羊很好的蛋白质和微生物饲料来源，如洋槐、紫穗槐、银合欢等树的叶子。树叶质地较硬，但是养分较多，尤其是青嫩鲜叶很易消化，不仅能作湖羊的维持饲料，还可以用作生产饲料。虽然树叶是粗饲料，但其营养价值要优于秸秆和秕壳。青干叶经过粉碎制成树叶粉可代替部分精料。树叶的营养成分随产地、季节、品种、部位、调制方法的不同而不同。鲜嫩枝叶的营养价值是最好的，其次是青鲜叶，而青干叶、枯黄叶营养价值较差。

四、能量饲料

能量饲料是指干物质中含粗纤维低于18%，同时粗蛋白质含量低于20%，且富含碳水化合物，每千克干物质含消化能在10.46兆焦以上的饲料，其中消化能高于12.55兆焦的为高能量饲料。能量饲料包括禾本科谷实类、糠麸类等，玉米和麦麸占主导地位。常见的能量饲料原料主要有以下几种。

（一）玉米

玉米含可溶性碳水化合物较高，粗纤维含量很少，硫胺素含量相当丰富，适口性极佳，且易消化，是湖羊的主要能量饲料。但玉米中蛋白质含量较低，且品质较差，色氨酸和赖氨酸的含量不足，钙含量少，缺乏维生素D。因此，以玉米为主的配合饲料大量用于湖羊日粮中时，比如用于羔羊育肥以及湖羊补饲等，必须搭配饼粕，必要时还要添加色氨酸和赖氨酸。整粒玉米饲喂湖羊，消化不全，应稍加粉碎，但玉米含有较多脂肪，故破碎后易腐败，不易长久保存。

（二）高粱

高粱所含无氮浸出物和脂肪并不比玉米低多少，也是较好的能量饲料。尽管高粱蛋白质含量略高于玉米，但氨基酸组成和玉米相似，也是缺乏赖氨酸、蛋氨酸、色氨酸和异亮氨酸。高粱中含有1％的单宁，具有苦涩味，适口性差。此外，单宁在湖羊体内与蛋白质发生结合，从而影响营养物质的吸收利用，过量投喂可引起消化不良。高粱和玉米的饲养价值相似，含能量略低于玉米，粗灰分略高，饲喂羊的效果相当于玉米的90％左右，也不宜用整粒高粱饲喂湖羊。

（三）小麦及麦麸

小麦的粗蛋白质含量在谷类籽实中也是比较高的，一般在12％左右，高者可达14％～16％。由于传统观念的影响，小麦很少用作饲料使用，近年来小麦在饲料使用中的用量逐渐加多。

小麦饲喂湖羊以粗粉碎或蒸汽压片效果比较好，整粒饲喂容易引起消化不良，如果粉碎过细，麦粉在湖羊口腔中呈糊状则饲喂效果降低。小麦在湖羊瘤胃中的消化很快，它的营养成分很难直接到达小肠，所以不宜大量使用。细磨的小麦经炒熟后可作为羔羊代乳料的成分，因其适口性好，饲喂效果也很好。

小麦籽实在面粉加工过程中，往往只有85％的胚乳转变成面粉，其余15％与种皮、胚等混合成小麦麸。麦麸的蛋白质含量较高（可达12.5％～17％），但其质量较差，赖氨酸和蛋氨酸的含量很低，其他氨基酸含量也都不能满足湖羊的营养需要。因此，用小麦麸作湖羊配合饲料原料时应考虑用优质蛋白质饲料进行平衡调整。

（四）甘薯

甘薯，也叫红薯、地瓜等，也是湖羊良好的能量饲料。以块根中的干物质含量计算比较，甘薯比水稻、玉米产量都高，其有效能值接近稻谷，适合作为能量饲料。甘薯中蛋白质含量较低，粗纤维少，富含淀粉，钙含量特别低。甘薯粉和其他蛋白质饲料结合，并在饲料中添加足够的矿物质饲料，制成颗粒饲喂湖羊可取得良好的饲喂效果。

（五）油脂类

油脂类饲料属于液体能量饲料，它能提供比任何其他饲料都多的能量，是配制高能饲料不可缺少的原料。天然存在的油脂种类颇多，可大致分为动物性脂肪和植物性脂肪。动物性脂肪不饱和脂肪酸含量很低，伴随着疯牛病的暴发，目前已经禁止用于反刍动物饲料。植物性脂肪主要来自植物的种子、果皮以及某些谷物类种子的胚芽和糠麸中，如大豆油、菜籽油、棕榈油、米糠油及各种制油副产品等。植物油或油料籽实中不饱和脂肪酸含量丰富，是主要脂肪饲料。

在湖羊饲料中添加油脂能够改善饲料的适口性，增加采食量，提高日粮的能量浓度，还能降低配料过程中的粉尘，改善饲料的外观和风味。饲喂油脂类饲料时，可把油脂熬成黏稠状，加入一定比例的糠类饲料或玉米粉和一定量的抗氧化剂，搅拌均匀，饲喂湖羊。

五、蛋白质饲料

蛋白质饲料是指饲料干物质中粗纤维含量低于 18%，粗蛋白质含量达到或超过 20%，营养丰富的一类饲料。豆类、饼粕类、动物性饲料如鱼粉等属于蛋白质饲料。蛋白质饲料中的蛋白含量相当高，而且品质大多都特别好，富含各种必需氨基酸，特别是植物性饲料缺乏的赖氨酸、蛋氨酸和色氨酸都比较多；所含无氮浸出物特别少（乳制品除外），粗纤维几乎等于零；灰分含量高，钙、磷丰富且比例良好，利于湖羊的吸收利用。

1. 大豆饼粕 大豆饼粕是以大豆制成的油粕，是我国主要的蛋白质饲料之一。大豆饼粕的蛋白质含量较高，可消化性好，各种必需氨基酸的含量较高且组成比例也相当好，但大豆饼粕缺乏蛋氨酸，因此在使用大豆饼粕时应另外添加蛋氨酸，才能满足湖羊的营养需要。

大豆饼粕是湖羊的优质蛋白质饲料，可用于配制代乳料和羔羊的开食料。质量好的大豆饼粕色黄味香，适口性好，但在日粮中用量不要超过20%。

2. 菜籽饼粕 菜籽饼粕的原料是油菜籽，油菜籽实含粗蛋白质20%以上，榨油后饼粕含粗蛋白质达30%以上，略低于大豆饼粕，矿物质和维生素比豆饼丰富，也是一种较好的蛋白质饲料。菜籽饼粕中含有单宁、芥子苷、皂角苷等有害物质，它们有苦涩味，影响蛋白质的利用效果。菜籽饼粕含有芥子毒素，最好不要饲喂羔羊和妊娠母羊。

3. 花生饼粕 花生饼粕营养价值高，蛋白质含量也很高，且适口性极好。但花生饼粕很容易感染黄曲霉，引起湖羊中毒。因此，花生饼粕应随时加工随时使用，不要储存时间过长。因羊瘤胃微生物有分解毒素的作用，它们对黄曲霉素毒素不是很敏感，感染黄曲霉的花生饼粕，可以用氨处理去毒。花生饼粕在瘤胃的降解速度很快，进食后几小时可有80%以上的干物质被降解，因此不能把花生饼粕作为湖羊唯一的蛋白质饲料原料。

六、矿物质饲料

矿物质饲料包括工业合成的、天然的单一矿物质饲料、多种混合的矿物质饲料，以及混有载体或赋形剂的微量、常量元素的饲料。这类饲料中含有矿物质元素，以补充日粮中矿物质的不足。目前，湖羊常用的矿物质饲料主要是含钠和氯元素的食盐，含钙、磷饲料的碳酸钙、磷酸氢钙、蛋壳粉、贝壳粉等。

（一）食盐

食盐的成分是氯化钠，是湖羊饲料中钠和氯的主要来源。氯化钠可使体液保持中性，也有促进食欲，参与胃酸形成的作用。饲料中缺少钠和氯元素会影响湖羊的食欲，长期摄取食盐不足，会引起湖羊活力下降、精神不振或发育迟缓，降低饲料利用率，但饲料中盐过多，而饮水不足，就会引发中毒，中毒主要表现在口渴、腹泻、虚弱，重者可引起死亡。

湖羊需要钠和氯较多，对食盐的耐受力也高，很少有湖羊食盐中毒的报道，一头成年湖羊一天需要的盐量在6～9克。可以将盐搅拌在精料中每天及时补饲，也可以通过盐砖给湖羊补饲食盐，把盐块放在固定的地方，任由湖羊自行舔食，如果在盐砖中添加微量元素则效果更佳。

（二）碳酸钙

碳酸钙是由石灰石粉碎而成，是补充钙最经济的矿物质原料。市售石粉的碳酸钙含量应在95％以上，含钙量在38％以上。常用的石粉为灰白色或白色无臭的粗粉或呈细粒状。一般颗粒越细，吸收率越佳。可以将碳酸钙搅拌在精料中投喂，以保证充分供应湖羊每日所需，精料中的添加量为0.5％，或湖羊饲料总量的0.3％。

（三）贝壳粉

贝壳粉是用各种贝类外壳粉碎后制成的产品。质量好的贝壳粉含杂质少，钙含量高，呈白色粉状或片状。

七、维生素饲料

维生素饲料是指工业提取的或者人工合成的饲用维生素。维生素在饲料中的用量非常小，而且常以单独一种或复合维生素的形式添加到配合饲料中，用以补充饲料中维生素的不足。

（一）维生素A

维生素A仅存在于动物体内，植物性饲料中的胡萝卜素作为维生素 A 原，可在动物体内转化为维生素 A。胡萝卜素是湖羊获得维生素 A 的主要来源，也可补饲人工合成制品。缺乏维生素 A 时，湖羊食欲会减退、采食量下降、生长缓慢。胡萝卜、甘薯、南瓜以及豆科牧草和青绿牧草中胡萝卜素含量较高。

（二）维生素 D

维生素 D 可促进小肠对钙、磷的吸收，影响动物的免疫功能。缺乏维生素 D 时，会造成羔羊的佝偻病和成年湖羊的软骨病，湖羊的免疫力会下降。经过阳光照射，湖羊的皮肤可以合成维生素 D，但在一般的舍饲封闭饲养条件下，应适量补加维生素 D。

（三）维生素 E

维生素 E 不仅能增强湖羊的免疫能力，而且具有抗应激作用。羔羊日粮中缺乏维生素 E，可引起肌肉营养不良或白肌病；还影响湖羊的繁殖性能，公羊表现为睾丸发育不全，精子活力降低、性欲减退、繁殖能力下降；母羊性周期紊乱，受胎率降低。维生素 E 在饲料中分布广泛，青饲料和谷类胚芽中富有维生素 E，但在自然干燥和贮存过程中损失很大，约 90%，人工快速干燥或青贮损失较少。

八、饲料添加剂

饲料添加剂是在饲料加工、贮存、使用等过程中添加的一类少量或微量特殊物质，其用量虽小，但作用显著，对强化基础饲料营养价值，提高湖羊生产性能，节省饲料成本，改善湖羊产品品质等方面有明显的效果。科学使用饲料添加剂，既能有效地增加羊产品产量，也可提高饲料利用率，节省饲料、降低成本，达到增产增收的目的。

第二节　饲料的加工调制

饲草的加工与调制，主要是为了更好地贮存和利用饲草，主要通过加工调制来改变饲草的物理形态，从而提高饲草的适口性和采食量，减少饲草浪费，充分提高饲草的消化利用率。通过加工调制的手段获得饲料中最大的潜在营养价值和生产效益。

一、饲料加工调制的主要方法

（1）机械处理　包括切短、揉碎、磨碎、压扁、焙炒、晾干及秸秆碾青等。

（2）化学处理　包括碱化和氨化技术。

（3）微生物学处理　常见的有青贮和微贮。

二、常用饲料的加工调制

（一）青贮饲料

1. 加工调制过程

（1）青贮窖的准备　青贮窖应选在土质坚硬，地势高燥，地下水位低，靠近畜舍，远离水源和粪坑的地方，在海拔较低的地方可以选择使用平地上的青贮池替代青贮窖。窖体要坚固，不透气，不漏水，内部表面光滑平坦，上大下小的长方形窖体，四角成半圆形。

（2）适期收割　青贮原料要适时收割。豆科牧草一般在现蕾至开花始期刈割青贮；禾本科牧草一般在孕穗至刚抽穗时刈割青贮；甘薯藤和马铃薯茎叶等一般在收薯前 $1\sim2$ 日或霜前收割青贮，这时青饲料中不但水分和碳水化合物含量适当，而且从单位土地面积上能获得最高的产量和营养利用率。

（3）检验青贮原料中的含水量　青贮饲料含水量一般以 $65\%\sim75\%$ 为宜。用双手拧无玉米棒的整株玉米秆，①玉米秆若无渗出汁液，说明其含水量不够，青贮时应适当加些水；②玉米秆若有较多的汁液渗出，说明其含水量较高，应晾晒半天或一天以后再做青贮；③若玉米秆有适量汁液渗出，表示其含水量在 70% 左右，做青贮合适。

（4）切碎　为了便于装袋和贮藏，青贮饲料必须切碎到长1～2厘米，便于压实。牧草等柔软原料，可切短至3～5厘米青贮，效果较好。另外原料的切碎能加速乳酸菌的繁殖，并且有利于羊采食，提高消化力。

（5）装填与贮存　通常可以用塑料袋和窖藏等方法。装窖前，底部铺10～15厘米厚的秸秆，以便吸收液汁。制作青贮时应边切碎，边装贮，而且应装一层后就压实一层。青贮饲料装填得越紧实，则空气排得越彻底，制作的青贮质量就越好。装填满后立即严密封埋。一般要求青贮料装至高出壕或窖口1米左右，再用塑料薄膜盖严，然后覆盖上土（土层厚30～50厘米）高出的部分覆盖严实后呈馒头状，这样有利于雨水的及时排出。

2. 注意事项　青贮饲料含较多的有机酸，有轻泻作用，要让湖羊逐渐习惯口味。青贮过程的早期会产生二氧化氮，晚期青贮窖内部缺乏氧气而富含二氧化碳，这些情况下应该注意操作安全，防止人员窒息。

（二）青干草的调制

1. 青干草的营养价值　青干草是家畜的主要饲料之一，青干草的营养价值主要取决于其生长时期和晒制的方法。优质青干草与品质较差的青干草的营养价值分别为青草的70%～90%和50%～60%。不同种类的青干草营养价值也不同，比如禾本科和豆科青干草的粗蛋白质含量分别为7%～12%和12%～20%；不同含水量的青干草如青绿色干草所含粗蛋白的量就比枯黄色干草要高6%左右。与麸皮相比，优质青干草中的能量与麸皮相近，但是其中矿物质含量更加全面，所以相比于麸皮用优质的青干草饲喂家畜效果更好。

2. 几种牧草的适宜刈割时期

（1）紫花苜蓿　苜蓿是制作青干草的最好原料，苜蓿的营养价值主要是取决于收获时期。研究表明，调制紫花苜蓿的最佳时期是初花期，此时的粗蛋白质与粗脂肪含量最高，分别为18%～

20％、3.1％～3.6％，收割过晚或结籽后期营养成分会下降。

（2）沙打旺　用作晒制干草时，播种当年可刈割一次，第二年及以后，可收割二次，最佳刈割时期为现蕾期，开花以后茎秆趋于木质化，叶量减少，质量降低。第一次留茬 15 厘米，第二次留茬 10 厘米。如果留茬过低会导致再生能力下降，甚至可能造成第二年返青时植株死亡。

（3）草木樨　草木樨适时刈割一般在株高 50 厘米左右时，此时为现蕾前期即开花开始时。刈割时应留茬 10 厘米左右，以利再生。

3. 影响干草营养价值变化的因素

（1）阳光的照射　阳光照射会破坏植物体中的胡萝卜素和维生素 C。据测定，干草晾晒一昼夜后，胡萝卜素损失 75％，如晾晒一周，则胡萝卜素损失 96％，维生素 C 几乎全部损失，所以冬、春季建议给羊饲喂胡萝卜。

（2）机械作用引起的损失　在青干草的制作和保藏过程中，在翻动、搬运、晒制过程中不可避免地造成部分损失，如细枝嫩芽的脱离，细枝嫩芽中的营养成分远大于茎秆。如苜蓿叶片的损失达到总重量的 12％时其蛋白质的损失则能占到总蛋白质含量的 40％，所以在制作过程中要尽量避免叶片脱落。

（3）雨水的淋洗　雨水淋洗造成的损失远大于机械损失，主要是导致干草营养物质流失。据试验，雨淋后的干草，可消化蛋白质的损失平均为 50％。

4. 晒制干草的方法

（1）田间干燥法　当牧草长到适宜刈割时，天气晴朗情况下将刈割的青草铺于田间，就地曝晒 1 天，晚上收集成 30 厘米厚的草垫或收集成小堆，进行风干，这样经过 2～3 天阴干后，待到草能拧成绳，既不断裂，也不出水时运回家堆成大堆。这种晒制方法适用于在人工草地种植的苜蓿、沙打旺、草木樨等。其优点是：①初期干燥速度快，降低牧草的细胞呼吸导致的营养损失。②打垫或堆成小堆后减少了阳光的接触,以便于保存较多的胡萝卜素。③通过垫内的阴干作用适当地发酵牧草,使得牧草具有特殊香味。④茎叶干燥速度较一致,可减少细枝嫩芽的脱离。

(2)架上晒草法 在一些比较潮湿的地区或者降水多的季节,可以用专门制作的草架子晾晒。草架子包括独木架、棚架、铁丝长架、三角架等。在架上晾晒的青草,应堆成圆锥形或屋脊形,外层要平整,厚度应该小于70厘米,保持蓬松并且有一定斜度,有利于通风排水。架上干燥时间约需15天,适用于晒制树枝、农作物藤蔓等。其优点是在架子上干燥时可以极大地提高牧草的干燥速度,同时减少营养损失,保证干草质量。

(3)褐色干草调制 晾晒干草时遇到阴雨天气,可先将已割下的青草平铺使其风干直到水分降低到50%左右,进行分层堆积,高3~5米。对于刚割下的青草也要进行堆叠,逐层堆紧,每层可撒上青草重量0.5%~1.0%的食盐,以防止过度发酵,这种贮草介于干草与青贮饲料之间,其主要是堆放2~3天后,堆内温度上升到60~70℃,青草中的水分会被蒸发,同时产生一种酸香味。30~60天后即可调制成褐色干草。调制褐色干草会导致可消化营养物质大量损失,达到50%以上,但适口性好,褐色干草调制一般在正常的调制方法无法进行时采用。

5. 干草的贮藏 干草的贮藏是调制干草过程的一个重要环节。适用于饲养户贮藏的方法有两种。

(1)草棚堆藏 建立一个干草棚,能挡风遮雨。在干草棚底部垫上垫子,将晒制好的干草堆积在内,逐层压实,棚顶与干草保持1米高的距离,以便通风散热。

(2)露天堆放 露天堆放有2种形式:长方形、圆形。堆垛时从边缘向中间堆放,为了避免与空气过多接触导致营养物质大量损失,堆放时要压实,中间堆积多边缘少,最后堆成中间高边缘低,有45°倾斜角的草顶,便于雨水下流。相比于圆形的草堆，长方形草堆与空气接触面积小，营养损失也较小。但是如果干草的含水量太大，圆形草堆效果好，蒸发面积大可减少发生霉烂的情况。

6. 青干草的利用

（1）青干草是羊良好的饲草　对于配种期的种公羊，补饲青干草可以提高种公羊精液品质，一般的补饲量为 2 千克，在平时也要对种公羊进行补饲。同样对于妊娠母羊，也要补饲优质的青干草，切记不能饲喂发霉、腐败、冰冻的饲草，否则容易引起妊娠母羊流产。

（2）为了减少饲料的浪费，提高饲料利用率，可以将各类干草混合粉碎后饲喂，还能避免某些干草（如草木樨）的致毒作用。

（三）秸秆饲料

1. 秸秆氨化　秸秆氨化质地松软，气味烟香，颜色棕黄，同时提高秸秆的营养价值。在我国，秸秆氨化比较普遍，如小麦秸秆，常用来氨化饲喂羊等。通常秸秆氨化使用窖贮法。窖贮法是通过建造土窖或水泥窖，深度不宜过深，一般不超过 2 米，建造时由贮藏量来决定窖的大小。贮藏窖可以是长方形或圆形，四周要光滑，底部要微微凹起，用来积蓄氨水。如果只能使用土窖，必须准备一张可以包裹并密封所有秸秆的塑料薄膜，切碎的秸秆放入薄膜后加入一定量的氨水密封，用土压实即可。

氨水用量：窖贮法每 100 千克秸秆加入氨水 15 千克左右，在中间浇注氨水。

尿素用量：每 100 千克秸秆用尿素 3～5 千克，加水 30～60 千克溶解后均匀喷洒在秸秆上，每层秸秆要压实，最后用塑料薄膜密封，用土压实。

氨化处理封闭时间：氨化的时间取决于温度，环境温度 20℃以上为 7 天；10～20℃ 15～28 天；5℃以下 2 个月左右。

饲喂方法：饲喂是根据饲喂量取出秸秆，要等到氨味消失才能饲喂，开始饲喂时应添加少量，等到牲畜适应后，逐渐增加添加量。如果牲畜适应了氨化饲料，可以与其他饲料搭配使用。

2. 秸秆微贮 将准备微贮的秸秆铡碎，用温开水化开菌种，每 100 千克秸秆添加量为 1～2 克，混合均匀，加水同时要搅拌，水温为 50℃。当手紧握秸秆没有水流出，仅在指缝间出现水珠即可，然后将混合好的秸秆堆积或装入容器中，铺上一层干草粉，插入温度计，当温度上升到 35～45℃时，翻动一次，压实封闭 1～3 天，即可使用。

3. 秸秆铡碎 利用铡草机将秸秆切短，一般用于饲喂湖羊的可切至 1.5～2.5 厘米的长度。

4. 秸秆盐化 向铡碎的秸秆添加等量的 1‰的食盐水进行搅拌，搅拌充分后铺于地面或置于容器中，之后用塑料薄膜覆盖，放置 12～24 小时，使其自然软化，提高适口性。

5. 秸秆碾青 将秸秆和豆科鲜牧草分层铺在晒场上，用碌子或拖拉机碾压。豆科鲜牧草压出的汁液被吸入秸秆，然后混合贮存，混合铡碎或粉碎饲喂，秸秆的适口性和营养价值都得到提高。

第三节 优良饲草

一、串叶松香草

串叶松香草又名松香草、菊花草，多年生高大草本植物。串叶松香草是越年生冬性植物，耐高温，在夏季温度 40℃条件下能正常生长，也耐寒，在冬季－29℃下宿根无冻害。喜肥沃土壤，耐酸性土，不耐盐渍土。串叶松香草再生性强，耐刈割。串叶松香草植株高大，枝叶繁茂有着较高的产草量。串叶松香草可以青饲，也可以调制干草粉，加入到配合饲料中，也可青贮。串叶松香草含有湖羊所必需的全部氨基酸，尤其赖氨酸含量特别高。需要注意的是串叶松香草的根、茎中的苷类物质含量较多，苷类大多具有苦味，根和花中生物碱含量较多。生物碱对神经系统有明显的生理作用，大剂量能引起抑制作用。但截至目前，未发现串叶松香草有羊中毒的病例。

二、籽粒苋

籽粒苋属一年生草本植物，喜温暖湿润气候，生育期要求有足够的光照。籽粒苋是一种粮、饲、菜和观赏兼用，营养丰富的高产作物。其叶片粗蛋白含量高达 21.8%，粗纤维在 12% 以下，赖氨酸含量也很高，约为 0.74%，因此籽粒苋无论作青饲料还是加工成叶粉皆是湖羊理想的蛋白饲料源。籽粒苋可青饲、青贮，也可打浆、发酵煮熟后饲喂湖羊。青贮时，可单贮或与豆科牧草、青刈玉米混合青贮。

三、俄罗斯饲料菜

俄罗斯饲料菜是一种适应性广、产量高，含蛋白质丰富的饲料作物。俄罗斯饲料菜含有丰富的粗蛋白质、脂肪和无氮浸出物，营养价值较高。此外，俄罗斯饲料菜还含有丰富的维生素。俄罗斯饲料菜虽带有粗硬短刚毛，原态为湖羊所不喜吃，但经粉碎后，与粗料拌和经驯饲，适口性变佳，饲喂后不腹泻不胀肚，是湖羊的好饲料。

四、紫花苜蓿

紫花苜蓿是豆科苜蓿属多年生草本植物，茎叶柔嫩鲜美，是饲养湖羊的首选青饲料。紫花苜蓿茎叶中含有丰富的蛋白质、矿物质、多种维生素及胡萝卜素，特别是叶片中含量更高。紫花苜蓿在株高 30～40 厘米时可收割作青饲利用，初花期左右刈割可用于调制干草。紫花苜蓿用于调制干草时，可将刈割的鲜嫩苜蓿青草，铺摊在上下两层干秸秆夹层内，用石磙反复碾压至茎秆破裂，这样可使鲜嫩苜蓿迅速干燥，避免养分丢失。同时苜蓿压出的汁液被吸入秸秆，然后混合贮存，混合铡碎或粉碎饲喂，这样不但提高了秸秆适口性，也提高了其营养价值。由于苜蓿水分含量高，在对湖羊进行苜蓿青饲时，应注意补充能量和蛋白质饲料，可与禾本科牧草搭配使用，以免湖羊多食后产生臌胀病。

五、沙打旺

沙打旺是豆科黄芪属多年生草本植物，是一种饲草和水土保持兼用型草种。沙打旺茎叶中各种营养成分含量丰富，可以青饲或者青贮，也可以调制干草、加工草粉和配合饲料。沙打旺味微苦，适口性较差，因此可以与其他饲草适量配合饲用，以此消除苦味，提高适口性。

六、柠条

柠条，为豆科锦鸡儿属落叶大灌木饲用植物，属于优良固沙和绿化荒山植物，良好的饲草饲料。柠条的枝、叶、花、果、种子均富有营养物质，粗蛋白含量很高，是湖羊良好的饲草饲料。柠条饲料中有机物中粗纤维和无氮浸出物占80％左右，且适口性较差，可将柠条进行制粒或者氨化处理，提高饲料利用率。

七、三叶草

三叶草又名车轴草，多年生草本植物，有白花三叶草和红花三叶草两种类型。三叶草是优质豆科牧草，其草质柔嫩，叶量丰富，粗蛋白含量高，粗纤维含量低，适口性极好，是湖羊优良的饲料来源。三叶草可刈割切碎后直接饲喂湖羊，也可调制成干草，或者压缩成饲料或草粉。

八、冬牧 70 黑麦草

冬牧 70 黑麦草又名冬长草，是禾本科一年生或越年生草本植物。冬牧 70 黑麦草适口性好，含有高蛋白、高脂肪、高赖氨酸，营养价值高。一般为青刈生喂，也可制作青贮饲料，或将其晒制成青干草粉碎打糠。

[第十章] 营养需求及饲料配方

第一节 湖羊对营养物质的需要

营养需要是指湖羊在最适宜环境条件下，健康生长或达到理想生产成绩对各种营养物质种类和数量的最低要求。湖羊所需营养物质有 5 种：能量、蛋白质、矿物质、维生素和水。根据湖羊的营养需要，通过人为供给和控制，设计合理日粮配方，在维持湖羊基本生长所需营养条件下，保证其正常生长发育，可以提高湖羊养殖的生产性能和经济效益。

一、湖羊的维持需要

维持需要指湖羊在不生产产品的情况下，为保持正常生理生化活动和体况不变所需各种营养物质的最低量。

湖羊的维持需要中，首先是能量的需要。湖羊维持内部器官的正常活动，包括呼吸、消化、血液循环等在内的正常生命活动和保持体温都需要能量。所以，要保证湖羊健康生长，提高生产性能，降低饲料成本，合理的能量水平是关键。美国国家研究委员会（NRC）确定的绵羊的维持能力为 $N_{en}=56W^{0.75}\times4.1868$（$W$ 为体重，N_{en} 单位为千焦）。热能的需要量与其活动程度和环境温度有关，舍饲湖羊一般比放牧湖羊要少消耗约 50%的热能，冬季较夏季要多消耗 70%～100%的热能。

蛋白质是湖羊构造机体组织器官的重要原料，参与体内各种生命活动，为组织器官的更新、修补提供原料，必要时还能转换为糖脂为机体提供能量。试验证明，体重为 50 千克的空怀湖羊每日需粗蛋白质 60～70 克。

矿物质元素在湖羊生长发育过程中也起着重要作用。当湖羊体内缺乏矿物质元素时，其骨骼发育，消化、神经系统和营养运输等功能都将受到影响。湖羊饲养过程中最易缺乏的是食盐、磷和钙。50 千克体重成年湖羊每日应供给钙 4～5 克，磷 2.5～3.0 克、食盐 5～10 克。

维生素在湖羊维持生命活动、繁殖生长过程中起的作用非常大。能够调节湖羊体内蛋白质、能量的利用。维生素的缺乏会导致代谢机能紊乱、生产性能下降。湖羊养殖过程中，对维生素 A 和维生素 D 应极为重视。成年湖羊每日需维生素 A 为 400 国际单位、胡萝卜素 5～10 毫克、维生素 D 600 国际单位。

二、公羊繁殖的营养需要

种公羊在羊群中的地位十分重要，俗话说"公羊好，好一坡；母羊好，好一窝"。给予公羊合理的营养对其发挥正常繁殖力至关重要。湖羊公羊每产生 1 毫升精液，需消耗约 50 克可消化粗蛋白质。精液中含有大量的高质量蛋白质，根据种公羊的配种任务，应适当增加其能量和粗蛋白质水平。

维生素 A 不足对公羊的性欲会产生影响，导致公羊精液品质降低；缺乏维生素 E 时，精子的形成会发生病理变化；B 族维生素不足将导致公羊睾丸萎缩，性欲下降；维生素 C 可以维持公羊的正常性机能。充足的维生素 D 有助于钙、磷的吸收。钙、磷对湖羊公羊精液的品质也有影响（表 10-1）。

表 10-1　湖羊配种公羊的饲养标准

项　　目	建议用量
公羊体重（千克）	35～40
风干物质日食入量（千克）	1.8
代谢能日需要量（兆焦）	15.9
粗蛋白质日需要量（克）	355
日粮粗蛋白质含量（%）	19.7

注：资料来源于中国农业科学院兰州畜牧研究所。

三、母羊妊娠的营养需要

妊娠母羊除需满足维持自身生命活动营养需要外，还需为胎儿生长发育提供营养，并为哺乳期做准备。若母羊在妊娠期缺乏营养，将造成胎儿畸形或产死胎，甚至流产。妊娠前期，胎儿增重缓慢，但却是胎儿发育迅速的时期，要求饲料能够提供优质而全面的营养。磷、钙需要比未孕母羊高，40～50 千克体重的妊娠母羊，每日需钙 8.8 克，钙、磷比为（2～2.5）：1。维生素 A 和维生素 D 与钙、磷配合作用，所以维生素 A 与维生素 D 必须充足，否则会使羔羊体弱或抵抗力差、母羊产奶量不足。日粮中胡萝卜素不得少于 18 毫克（表 10-2）。

表 10-2　湖羊妊娠母羊的饲养标准

年龄	项　　目	妊娠 0～60 天	妊娠 61～95 天	妊娠 96～126 天	妊娠 127～147 天
二岁	体重（千克）	36	41	44	52
	风干物质日食入量（千克）	1.3	1.3	1.5	1.8
	代谢能日需要量（兆焦）	8.0	9.2	12.6	16.7
	粗蛋白质日需要量（克）	150	160	170	230

（续）

年龄	项　　目	妊娠 0～60 天	妊娠 61～95 天	妊娠 96～126 天	妊娠 127～147 天
三岁	体重（千克）	39	43	44	51
	风干物质日食入量（千克）	1.4	1.4	1.7	1.9
	代谢能日需要量（兆焦）	5.4	6.7	10.0	12.6
	粗蛋白质日需要量（克）	150	160	170	230

注：资料来源于中国农业科学院兰州畜牧研究所。

四、母羊泌乳的营养需要

湖羊在泌乳时期对营养需求较高，除需维持自身需要还有泌乳消耗，哺乳双羔较哺乳单羔的营养需要高得多。老龄的泌乳母羊应防范缺钙症；高产泌乳母羊应注意缺镁症，应及时补充钙与镁。维生素对泌乳有重大作用，湖羊自身可合成维生素 B 族，所以要注意提供足够的维生素 A、维生素 C 和维生素 D。湖羊乳较其他动物的乳更浓，干物质 17.5%，乳蛋白 5.8%，乳脂 5.8%，乳糖 5.2%，灰分 0.96%（表 10-3）。

表 10-3　湖羊母羊泌乳期的营养需要

体重	哺乳羔数	项　　目	哺乳天数		
			1～30	31～60	61～80
38 千克	单羔	哺乳量（千克/天）	0.90	1.00	0.7
		风干物质日食入量（千克）	1.8	2.0	1.9
		代谢能日需要量（兆焦）	12.6	14.7	12.6
		粗蛋白质日需要量（克）	195	205	176
	双羔	哺乳量（千克/天）	1.44	1.34	1.93
		风干物质日食入量（千克）	2.3	2.5	2.4
		代谢能日需要量（兆焦）	20.5	17.6	17.6
		粗蛋白质日需要量（克）	250	250	205

注：资料来源于中国农业科学院兰州畜牧研究所。

五、羔羊生长的营养需要

羔羊生长时期的营养需要主要用于各器官、肌肉和骨骼的发育，重点是蛋白质和矿物质的补充。该时期分为哺乳时期和断乳后育成时期。哺乳时期体重增长速度高于育成时期，公羔快于母羔。哺乳前期（前 5 周），羔羊生长发育所需营养主要依靠母乳；哺乳后期（后 4 周），母乳饲喂同时可适当补饲。公羔每日需可消化蛋白质 130～135 克，母羔需 105～110 克。哺乳期羔羊每日约需钙 4.4 克，磷 3.2 克（表 10-4）。

表 10-4　湖羊羔羊的饲养标准

体重（千克）	日增重（千克）						风干物质（千克）	Q 值
	0.1	0.2	0.3	0.1	0.2	0.3		
	代谢能日需要量（兆焦）			粗蛋白质日需要量（克）				
4	2.09	2.93	4.19	32	52	70	0.14	0.94
6	2.51	3.77	4.61	40	60	80		
8	3.35	4.19	5.44	48	67	87		
10	3.77	5.02	5.86	56	75	95	0.25	0.79
12	4.19	5.44	6.28	63	83	102		
14	5.02	6.28	7.12	70	90	110	0.48	0.71
16	5.44	6.70	7.95	80	98	118		

注：Q 值为日粮的代谢能与总能之比值。资料来源于中国农业科学院兰州畜牧研究所。

六、育肥羔羊的营养需要

湖羊羔羊育肥对蛋白质需求较高，断乳后直到 1 岁，母羔每日所需可消化粗蛋白质的量依旧保持在 130～135 克，但公羔应提高到 135～160 克。其中，对生长影响最大的是赖氨酸，所以需选择富含赖氨酸的饲料进行饲喂。该时期羔羊骨骼快速生长，对钙、磷的需要量大，钙 5～6.6 克，磷 3.2～3.6 克，钙磷比约 2：1。钙、磷的长期缺乏会引起食欲不振，生长缓慢等。此时，维生素对湖羊生长发育依然很重要。维生素 D 参与钙、磷代谢，缺乏会导致佝偻病。日粮中胡萝卜素 20～30 毫克/千克。羔羊的消化系统还未发育完全，不能自身合成 B 族维生素，所以还需在日粮中适当添加（表 10-5）。

表 10-5　育肥羔羊的饲养标准

体重（千克）	日增重（千克）						风干物质（千克）	Q 值
	0.05	0.1	0.15	0.05	0.1	0.15		
	代谢能日需要量（兆焦）			粗蛋白质日需要量（克）				
18	4.61	6.28	7.95	92	110	128	0.55～0.88	
20	5.02	6.70	8.37	98	116	135		
22	5.44	7.12	8.79	104	122	140	0.65～1.00	0.5
24	5.86	7.54	9.63	110	128	146		
26	6.28	8.37	10.05	115	133	152		
28	6.70	8.79	10.47	120	140	158	0.75～1.15	
30	7.12	9.21	11.30	126	144	162		

注：资料来源于中国农业科学院兰州畜牧研究所。

七、湖羊育肥的营养需要

湖羊育肥可分为羔羊育肥和成年羊育肥。目前多采用羔羊育肥或淘汰老羊育肥。成年羊育肥时，蛋白质需要量略高于维持需要，与羔羊育肥时需同时提供生产和育肥所需量不同，仅需维持机体正常代谢即可。因此，羔羊育肥时蛋白质需要量为成年羊育肥的 1 倍。育肥成年羊时，维生素和矿物质的需要量与维持需要相似，食盐含量应占精料的 0.3%～0.5%。

第二节 湖羊的日粮配合

一、日粮配合的原则

（1）必须以湖羊不同时期的营养需要为基础，根据实际生长状况作出适当调整。

（2）不同地区的饲料原料营养成分有差异。因此，应选取适合当地的营养价值表，尽可能将饲料配方合理化，满足湖羊生长发育和生产需要。

（3）饲料配制过程中还应注意适口性，若只注重饲料配方的合理而忽视适口性，导致湖羊的采食量下降，只会得不偿失。

（4）不同时期湖羊的营养需求是不同的，应根据不同时期配制不同饲料。最大限度满足湖羊不同生长时期所需各种营养物质，从而提高生产效率。

（5）选用饲料原料时应注重经济效益。根据当地实际情况，选用价低质高的饲料原料，节约饲料成本。

二、湖羊日粮配方举例

下述饲料配方摘自郑军、林嘉（2001）相关数据。

（一）母羊哺乳期日粮

混合精料 0.7～1.5 千克，稻草粉 0.75 千克，青干草 1 千克，蚕沙 0.25 千克。混合精料为大麦 22.5%，麸皮 40%，米糠 26%，豆饼 5%，菜籽饼 5%，贝壳粉 1.5%。每千克日粮中含粗蛋白质 250～380 克，含消化能 10.1～10.5 兆焦。

（二）哺乳期羔羊日粮

混合精料 100 克，青草自由采食。混合精料为大麦 22.5%，麸皮 40%，米糠 20%，菜籽饼 10%，豆饼 5%，贝壳粉 1.5%，食盐 1%。

（三）断奶羔羊日粮

混合精料 300～500 克，青草 250 克，青干草 300 克。混合精料为大麦 22.5％，麸皮 40％，米糠 20％，菜籽饼 10％，豆饼 5％，贝壳粉 1.5％，食盐 1％。

（四）断奶羔羊全混合日粮

碱化稻草 30％，碱化统糠 10％，菜籽饼 19％，米糠 26％，蚕沙 14％，矿补剂 1％，压制成颗粒饲料。每千克日粮中含消化能 10.45 兆焦，粗蛋白质 15.1％，粗纤维 23.61％，钙 1.38％，磷 0.83％。日增重可达 170 克。

（五）30 千克体重羔羊的日粮

混合精料 600～800 克，青草 100 克，青干草或氨化稻草 400～600 克。混合精料配比为玉米 70％，菜籽饼 30％。

（六）育肥羊的日粮

混合精料为 45％，粗饲料和其他饲料为 55％。草与料可加工成颗粒料喂，每日必须供给 1 千克以上的青饲料。混合精料配比为玉米 75％，豆饼 18％，豆科草粉 5.5％，食盐混合矿物质 1.5％。

（七）肥羔生产的日粮

体重 25 千克以上者，每日饲喂混合精料 0.3 千克；体重 25～30 千克者，每日饲喂混合精料 0.45 千克；体重 30 千克以上者，每日饲喂混合精料 0.7 千克。每天饲喂 1～2 次，逐渐加量。混合精料组成：玉米 75％，豆饼 18％，豆科草粉 5.5％，食盐混合矿物质 1.5％。

[第十一章] 饲养管理技术

羔羊出生以后，由母体内进入外界环境，其生活条件骤然发生改变，极易遭受外界环境条件的影响而发生相应的变化。加强羔羊饲养管理，与提高以后成年羊的生产性能具有密切关系，相反，不恰当的饲养管理方式可能导致羔羊生长发育不良，生产性能下降，甚至丢失原有亲代的优良品质。所以，必须高度重视羔羊的饲养管理。

第一节 羔羊的培育

一、初乳期

羔羊出生后，应该尽早吃上初乳，早吃、多吃初乳可以增强体质，排出胎粪，发病少，提高羔羊成活率。初乳营养成分非常丰富，含有蛋白质、脂肪、乳糖、维生素、铁等营养物质和大量抗体。羔羊的初乳期一般为出生至5日龄，产后72小时的初乳质量最好，应在羔羊初生后72小时内尽快让其吃上初乳，可以随母羊哺乳或用保姆羊哺乳，自由吮吸，每天4～6次。对于多胎羔羊和母羊患乳房炎或产后死亡的羔羊，应找保姆羊，在没有保姆羊的情况下，必须进行人工哺乳。

二、常乳期

常乳期（6～60天）这段时间内是羔羊体长增长最快的时期，也是羔羊体重增加最快的时期。此时不仅要让羔羊吃足常乳，还要训练羔羊吃草料，提早锻炼羔羊的胃肠消化机能。7～10日龄时开始给草，将幼嫩青干草捆成把吊在空中，引诱羔羊叼草。生后20天开始给予颗粒饲料，将颗粒饲料均匀放入羔羊饲槽内，引导小羊去采食。

三、断奶期

羔羊45日龄后瘤胃功能已经建立，并有完整的反刍功能，此时可以消化正常的饲草，对膘情正常的羔羊可选择45～50日龄断奶，2月龄以后的羔羊应以采食草料为主，适量补饲配合精饲料。断奶后的羔羊饲料要多样化，要有根据羊群生长发育阶段配制的精饲料，也要有符合湖羊草食动物生理特点的优质草饲料，让羔羊自由采食，根据个体发育情况，随时进行调整，以便更有利于促进羔羊正常发育和快速生长。补料要灵活掌握，少给勤添，3周龄以内的羔羊每天消耗50克以内，31～60日龄的补100克，2月龄以后每日喂量350～400克。日粮中可消化蛋白质以16%～18%为佳，可消化总养分以74%为宜，需要添加3%的食盐、0.5%～1%的矿物质。此时的羔羊还应给予适当运动，可以将羔羊赶到阳光充足的地方自由活动，以增强体质，促进生长。

第二节　青年羊的培育

青年羊是指湖羊羔羊断奶后到第一次配种期间的幼龄羊，多在4～7月龄。这一阶段是湖羊生长发育的关键时期，饲养管理是否合理对羊的生长发育和体型结构起着重要作用。因此，这个时期饲养过程中要提供优质的饲草和适量的配合精料，以满足青年羊的生长需要。随着日龄的增长，要根据湖羊的生长状况，调整日粮的供给，并且保持充足的运动。这样才能防止营养不良，并培育出具有优良生产性能的湖羊。

一般情况育成公羊生长快，所需要的营养更多，要多于育成母羊的饲料定额，而育成母羊则要求腹围大而深，采食量多，消化力强，体质健壮，生产性能才好。

在饲养过程中，若饲喂优质的豆科牧草，其精粮蛋白质保持在 12%～13%。若饲喂一般的干草，则需要将精粮的蛋白质含量提高，能量不得低于整个日粮能量的 70%～75% 为宜。放牧饲养育成羊时，若饲草优良，每天只需补喂 300 克配合精料。湖羊性成熟早，其后备公羊一般要求 8 月龄以后，体重达到 45 千克以上即可进行采精和配种；后备母羊 7 月龄后，体重达到 35 千克左右配种为宜。

第三节　种公羊的饲养管理

种公羊数量少，但利用价值相对较高。种公羊应保持较好的膘情，不能过于肥胖，体质健壮，活动能力强，性欲旺盛，精液品质良好，保证完成配种任务，发挥其种用价值。

（一）种公羊的饲养

湖羊种公羊的日粮应根据配种淡季和配种旺季的不同饲养标准来配合，再根据种公羊的具体体质做适当的调整。饲粮要求营养价值全面，品质好、体积小、适口性好、易消化等。在配种旺季之前 1～1.5 个月增加精料投喂量，逐渐增加并过渡到配种期的日粮，配合精料量为每天 0.5～0.8 千克，优质饲草足量供应。在有青草季节应加强放牧，补饲量可适当减少。精料可选择玉米、大麦、麸皮、糠麸等组成，羊喜食的粗饲料是鲜嫩多汁的青草、优质青干草以及优质青贮饲料等。若配种任务较大，可加喂煮鸡蛋。配种旺季结束后，精料的补饲量应逐渐减少，以防公羊过肥，配种旺季日粮逐渐过渡为淡季日粮。夏、秋季节放牧为主时，精料补给量在 0.3 千克左右，并添加多汁饲料如胡萝卜、青贮饲料等。

（二）种公羊的管理

配种前一个月要提高种公羊的营养水平，增加精料供给量，按配种期的 60% 开始补给，并且开始采精，检查精液的品质，以确定各公羊的利用强度，对精液密度较低的公羊，可适当增加动物性蛋白质和胡萝卜的饲喂量；对精子活力较差的公羊，可增加其运动量。管理上应温和待羊，最好单圈饲养或单独组群放牧加补饲。要按计划进行配种和采精，配种采精一般隔日一次或三天两次，每天保证足够的运动，以利于公羊健康，提高精液质量。种公羊要保持体质强壮、精力充沛，不可养得过肥或过瘦，否则影响配种。要定期进行检疫和预防接种，及时修蹄，圈舍要清洁卫生，定期消毒，提供干净饮水。饲喂定时定量，饲草优质，禁用发霉变质、冰冻饲草料喂公羊。

第四节　成年母羊的饲养管理

湖羊初次配种以后统称为成年母羊。湖羊成年母羊的饲养管理可分为配种前期、妊娠期和泌乳期三个阶段。成年母羊主要任务是妊娠、泌乳等繁殖任务，需要提供良好的饲养管理条件，以求实现产羔多、羔羊成活率高的目的。妊娠期和哺乳期是母羊的饲养管理重点，湖羊母羊的妊娠后期和哺乳前期是最为重要的。

一、配种前期的饲养管理

在配种前 1 个月，要加强母羊饲养管理，为配种、妊娠打好基础。应该多投喂优质的鲜嫩多汁饲草，以促进母羊群发情，对于体质较差的母羊，应该在短期内进行优饲。湖羊四季发情，17 天为一个发情周期，配种前 2～3 周可放入试情公羊试情，并记录发情母羊，以便掌握羊群发情规律。配种前 1～2 个月接种地方性流产疫苗。

二、妊娠期的饲养管理

（一）前期（妊娠前 90 天）

在这个时期胎儿发育缓慢，母羊所需的营养没有显著增加，可以按空怀时的饲料量进行饲喂。这个时期主要是继续保持配种时的良好膘情，早期保胎。日粮组成与配种前期的基本相同，主要饲喂青干草或青绿多汁饲草和青贮饲料，并且适当饲喂配合精料。严禁饲喂发霉变质、冰冻有霜的饲料，并保证干净充足饮水，保持羊舍安静，不可喧哗，惊吓母羊，防止早期隐性流产。

（二）妊娠后期（91~150 天）

这个时期是胎儿发育最快的重胎期，初生重的 85% 是在此时完成的，母羊自身也需要为产后泌乳贮备大量养分，因此，这个时期需要增加配合精料、优质饲草的投喂量，精料的投喂量可增加至 0.8~1 千克，以保证妊娠后期的营养需求。若是母羊缺乏营养，会使得羔羊初生重轻，体质差，免疫力弱甚至出现死胎。妊娠后期需要补饲营养价值高的优质饲草和精料，一般情况下正常饲喂后每日再补饲干草 1~2 千克、青贮饲料 1.5 千克、精料 0.5 千克。

为促进乳腺分泌，应该在产前 10 天左右多喂一些多汁料和精料。禁止打羊、防止羊群受惊吓，提防羊群角斗，减少饲养密度防止拥挤，不跨沟坎。妊娠后期要注重保胎，首先选择的牧场要平坦开阔，放牧回舍、饮水采食要保证羊群动作稳，切记不可拥挤和驱赶羊群，防止母羊滑跌。其次母羊要坚持运动，以防难产，但是不能进行剧烈运动，会导致流产，所以要保持母羊适量的运动。最后如果发现母羊有临产征兆，必须立即将其转入产房。母羊进入分娩栏后，精心护理，同时仔细观察，防止母羊分娩时无人接产。

三、哺乳期的饲养管理

湖羊哺乳期一般为 2 个月，依据羔羊依赖母羊的状况，分为哺乳前期（1 月龄）和哺乳后期（2 月龄）。哺乳前期至关重要，母乳是羔羊的主要营养物质来源，羔羊每增加 1 千克体重约需母乳 5 千克。

湖羊母羊泌乳在产后 30 天达到高峰，然后开始下降，这个泌乳规律正与羔羊胃肠机能发育相吻合。45 天后，随着泌乳量的减少，羔羊瘤胃微生物区系逐渐形成，利用饲料的能力日渐增强，已从以母乳为主的阶段过渡到了以饲料为主的阶段。为提高羔羊的生长速度，必须特别加强母羊的营养，提高泌乳量。需要补充蛋白质、钙、磷，多喂青绿饲料、多汁饲料以及维生素和矿物质的动物源性饲料，如鱼粉、贝壳粉、乳制品等；哺乳母羊饮水要充足，并注意增加母羊的运动。

哺乳后期母乳分泌能力下降，羔羊已经能够采食饲料，此时应以饲草、青贮或微贮为主进行饲养，若膘情好可以少喂精料。母羊数目多时，在羔羊断奶后，可按照体况对母羊重新组群，分别饲养，以提高补饲的针对性和有效性。

第五节　育肥羊的饲养管理

湖羊的育肥方式有放牧育肥、舍饲育肥和混合育肥三种。其中，舍饲羔羊育肥是这几年发展速度最快的育肥模式。在实行工厂化、集约化养羊时，虽然舍饲育肥饲料的投入相对较高，但能使设备和劳动力得到充分利用，劳动生产效率也较高，从而使成本降低。一般舍饲育肥的日粮以混合精料 60%～70%、粗料和其他饲料 30%～40% 的配比较为合适。如果育肥强度较大，混合精料的含量可增加到 70%，但绝对不能超过 80%。混合精料含量过高会引发肠酸中毒、毒血症，以及因钙磷比例失调而发生尿结石。这种育肥方法在育肥期间内可使羊较快增重，出栏育肥羊的活重较放牧育肥和混合育肥羊高 10%～20%，屠宰后胴体重最多可提高 20%。在市场需求旺盛的情况下，可确保育肥羊在 30～90 天的育肥期内迅速达到上市标准。

第六节　日常管理技术

一、剪毛

湖羊每年建议剪两次毛，分别选择在春、秋两季，春季一般在 4 月底到 5 月初剪毛，秋季则选择在 9 月底到 10 月初剪毛，北方寒冷地区建议温度在 25℃左右剪毛为宜。剪毛时要将场地清扫干净，且剪毛前 12 小时要禁食，以防剪毛时羊只侧卧时间过长，引起瘤胃胀气或消化不良而损伤肠胃。剪毛时羊取侧卧姿势，拴好四蹄（前两蹄拴在一起，后两蹄拴在一起），清除羊体的杂质异物，剪毛者对着羊腹部而坐，左腿伸直轻轻压住羊的脖子，此时羊会温驯地让其剪毛。剪毛顺序由腹部向上剪到背中线，将其翻侧，按照上述方法剪。剪毛时要紧贴皮肤，贴近皮肤的留 1.5～2 厘米的毛桩，这样可以避免蚊虫叮咬皮肤，剪刀尽量与皮肤平行，只剪一剪毛，严禁剪二剪毛，剪破的皮肤要及时涂抹碘酒消毒处理，防止感染。毛要尽量剪成一张套，叠好后集中存放在干燥避光处。

二、修蹄

羊蹄是皮肤的衍生物，修蹄最好在雨后进行，这时蹄角质变软，容易修理。修蹄时将羊坐在地上，人站在羊背后，将羊的后腿跷起以使羊不能起来。修蹄时从前肢开始，先用果树剪将角尖剪掉，然后用修蹄刀切削，直到蹄底可见淡红色的血管为止，修好的蹄子底部应该平整、站立端正。若修剪过度造成出血，可涂上碘酒消毒处理，如果出血不止，可用烙铁烧到微红色，灼烧伤口直至停止出血。

三、药浴

药浴能有效防治体外寄生虫病，应选用高效、低毒的药物，并稀释到合理的浓度，常用的药浴液有：0.1％杀虫脒溶液、0.05％辛硫磷溶液、20％氰戊菊酯乳油、螨净等。药浴时间的选择一般选择在绵羊剪毛一周后或者夏季晴朗无风的时候，药浴液的温度一般以25℃左右为宜。药浴前2小时，要使羊得到充分休息，不要放牧，使羊饮足水，以免因口渴而饮药液中毒。在对大批羊只药浴时应先对少数羊进行试浴，如无不良现象发生时，再大批进行药浴。公、母羊及羔羊要分别入浴，每只羊的药浴时间大约为1分钟。药浴时，浴液的深度以浸没羊体为原则，须有专人用木棍把羊头按入药液中2～3次，充分洗浴头部。药浴出口最好设置滴流台，让羊浴后停留片刻。药浴液应现用现配，先药浴健康羊，后药浴病弱羊。

四、免疫接种

疫苗接种能激发羊体产生对某种传染病的特异性抵抗力，有效防止传染病的暴发，减少养殖损失。湖羊的疫苗接种，通常采用皮下、皮内、肌内注射等方法。接种疫苗前，必须检查羊只的健康情况，体弱、生病的羊只，临近分娩或分娩不久的母羊不宜接种疫苗。确认健康的羊群接种疫苗时，注射器械和针头要严格消毒，做到一只一针头或一圈一针头。接种疫苗后，在反应期内应注意观察，若出现体温升高，不吃、精神萎靡的症状时，必须立即隔离并进行相应处理。

五、卫生消毒

1. 环境消毒 羊舍周围环境（包括运动场）定期用2％的烧碱或生石灰消毒。定期对羊场周围及场内污水池、排粪坑和下水道出口进行消毒。在羊场大门口和羊舍生产区入口设消毒池，定期更换消毒液。

2. 人员消毒 工作人员进入生产区，要经过紫外线照射5分钟消毒，要更换工作服、工作鞋。外来参观者进入场区观察时，应更换场区工作服、工作鞋，经紫外线照射 5 分钟进行消毒，并遵守场内防疫制度及指定路线行走。

3. 羊舍消毒 羊舍必须定期消毒，一般采用喷雾带羊消毒，根据季节不同，消毒频率应作相应调整，如湿热的梅雨季节细菌、病毒繁殖较快，需要每 3～5 天消毒一次；干燥的秋冬季节可以每 7～10 天带羊消毒一次。每批羊只出栏后，羊舍要底清扫干净，再用规定浓度的消毒液进行彻底消毒。

4. 用具消毒 对饲喂用具、料槽和饲料车、料桶等饲养用具进行定期消毒。

5. 羊体消毒 对任何羊只进行接触操作前（助产、配种、注射治疗等），应先将羊有关部位进行擦拭清洗，再以适合消毒液进行消毒，以保证羊体健康。

六、病死羊处理

病死羊尸体含有大量的病原体，不及时处理很有可能会造成疫病的传播与流行，严禁羊场人员随意丢弃、出售。根据病症种类的不同，按照《病害动物和病害动物产品生物安全处理规程》（GB 16548—2006）的规定，采用适宜方法处理病羊的尸体。

1. 销毁 将病羊尸体用密闭的容器运到指定地点焚毁或深埋。

2. 化制 在指定的化制站加工处理，可将其投入干化机化制，或将整个尸体投入湿化机化制。

七、羊粪处理

羊粪是一种速效、微碱性肥料，有机质多，肥效快，适于各种土壤的施肥。羊粪发酵后制成有机肥料，进行农作物的耕作，不仅肥效好，还能抗病促长、培肥地力。羊粪经生物肥料发酵菌种堆肥发酵，与经过粉碎的秸秆、生物菌搅拌，再经耗氧、羊粪加工发酵、粉碎、造粒，作为牧草的优质有机基肥，使粪污达到零排放。

该生物肥料发酵菌发酵生产的有机肥无害化程度高、易吸收、缓速增效、可以改良土壤，改善农作物产品品质，提高农作物的产量，对促进我国特色农业的发展起到推动作用。

第七节 工厂化养羊的技术集成

工厂化养羊是指具有一定规模、以工业化生产方式、采用集约化饲养与管理手段，取得较高效率的羊养殖场，具有饲养规模大、密度高，生产技术密集、生产周期短、生产力和劳动生产率高，产品适应市场需求等特点。它要求管理者和生产者能准确地掌握羊群对不同环境的适应特点，采用人为控制环境的配套技术，对育种、营养、防疫等重要生产环节实行控制，并能建立或组织完善的服务体系，达到规模化、集约化高效生产与产业化服务的协调平衡（图11-1）。

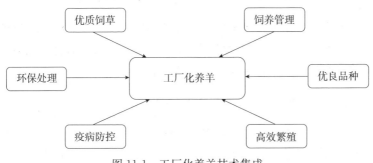

图 11-1 工厂化养羊技术集成

一、优质饲草的高产栽培技术体系要点

羊养殖的成本 60%～70% 是饲草、饲料，要使养羊生产有利润，首要条件是保证饲草、饲料的充足。积极改造与合理利用天然草场，提高产量；有计划利用荒地、轮作田和基本农田，建

立稳定高产田；以极少量土地生产大量的优质牧草，是达到工厂化养羊的有效途径。树立靠人工草场解决羊群饲草不足问题的观念十分重要。同时，还要充分利用各种农作物秸秆，适时收集，采用粉碎、氨化、发酵等加工处理方法，提高饲草的利用率。采用人工种植高产饲草和充分利用作物秸秆相结合的措施，保证羊群营养的全年均衡供应，达到最佳效益。

二、高效饲养与管理技术体系要点

改变粗放饲养的传统养羊习惯，积极应用全价配合饲料，根据不同阶段羊的生产目标营养需要特点，对羊群实施有效的营养调控，最大限度发挥羊的生产潜力。同时，要加强棚圈建设，根据不同气候条件，因地制宜修建羊舍。北方和高寒牧区要大力推广塑料暖棚养羊技术，南方潮湿地区提倡修建简易楼式羊舍。推广机械剪毛、种草贮草机械化，降低劳动强度，提高生产效率。

三、优良品系推广与品系改良技术体系要点

采用新技术加快湖羊优良品系的推广，统一规划品系的改良技术体系，建立配套的改良技术服务系统。注重对适合本地条件高效高产品种的选育工作，以保持发展的后劲。

四、高效繁殖及管理技术体系要点

对公羊实施配套的生殖保健措施，能大幅度提高新鲜精液和冷冻精液的受胎率。采用现代分析测试技术对母羊进行生殖能力检测，保证生产羊群中没有混杂生殖能力低下的母羊，降低母羊的饲养成本。采用外源激素对非繁殖季节和繁殖季节母羊实行有效的发情控制，按市场需求组织母羊繁殖，生产反季节的羊产品，获取最高的经济效益。

采用营养调控技术保证羊群的高效高频繁殖目标。在保证营养供给的基础上加快母羊繁殖的频率，包括母羊一年两产、两年

三产和当年母羔当年配种等。采用生殖免疫技术和利用多胎品种的遗传潜力使母羊多产羔，提高母羊繁殖率。

五、兽医综合防疫技术体系要点

按工厂化饲养的要求对主要疫病实施重点防疫，确保大群的安全。对饲草、饲料和饮水进行卫生控制，定期、定指标对所用的饲草、饲料和饮水进行质量检测，发现不合格现象及时纠正。定期检测羊舍环境，及时消除病原，最终达到羊舍环境的净化。正确预防和诊断营养性疾病的发生，选用对症的矿物质和微量元素添加剂，注重营养的合理配合。

六、无害化处理及高效利用技术体系要点

依客观的监测指标综合评价粪便污染程度，制定有效的综合防治措施。选用先进羊粪处理设备，防止对环境的污染。同时，可将羊粪与无机元素配合制造出适合高产、绿色农作物的高效复合有机肥料。

[第十二章] 常见病防治

第一节　羊的主要传染病

一、炭疽

炭疽是一种人畜共患的急性、热性、败血性传染病，其病原为炭疽杆菌。病羊是主要的传染源，被污染的土壤、水源、牧地皆有可能成为永久的传染源。炭疽的传播途径非常多，主要通过消化道进行传播，也可经呼吸道或由吸血昆虫叮咬经皮肤传播。该病一年四季都可发生，特别是春、秋两季易发生，呈散发或地方性流行。

【症状】

本病的潜伏期3～6天，有的甚至长达14天。羊临床表现常见为最急性型，病羊突然倒地，全身摇摆、战栗，呼吸困难，磨牙，口、眼、鼻、肛门等天然孔处流出泡沫状黑红色血液，血液不易凝固，病羊常于数分钟内死亡。病程较慢者，也只延续数小时，表现不安，战栗，呼吸困难和天然孔出血等症状。

【治疗】

（1）血清疗法　抗炭疽血清是治疗炭疽病的特效药。治疗剂量为每只羊每次50～100毫升。如用药后12小时病情未明显好转，可再用1次。

（2）抗生素药物治疗　用青霉素治疗，第一次用160万单位，以后每隔4～6小时用80万单位肌内注射，连用2～3天。

将青霉素与抗炭疽血清共同使用，效果更为显著。

（3）磺胺类药物治疗　注射 10％磺胺噻唑钠，第一次 40～60 毫升，之后每隔 8～12 小时注射 20～30 毫升。

【预防】

（1）对发生过炭疽病的地区，用Ⅱ号炭疽芽孢苗进行一次免疫接种。各种羊均为皮下注射 1 毫升，接种疫苗两周后即可产生较强的免疫力，免疫期为 1 年。

（2）病羊的尸体、粪便、垫草和其他废弃物品，应进行焚烧或深埋处理，深埋地点应远离水源、道路及牧地。

（3）被病羊污染的圈舍、场地、饲具、车辆等，用 20％漂白粉溶液、3％～5％热火碱水消毒。并紧急预防接种。

（4）对发生本病的疫区应进行封锁，病羊隔离治疗。封锁期间严禁车、羊及人出入，并对病死尸体进行无害化处理。在最后一只病羊死亡或治愈 15 天后，并未发现新病羊时，经彻底消毒后，方可解除封锁。

二、羊快疫

羊快疫是由腐败梭菌引起的主要危害绵羊的一种急性传染病，以发病突然、病程短、死亡快和真胃黏膜发生出血性、坏死性炎症为特征。绵羊对羊快疫最易感。发病羊的营养水平多在中等以上，年龄多在 6～18 个月，一般经消化道感染。腐败梭菌常以芽孢形式分布于潮湿、低洼或沼泽之中。羊采食被污染的饲料和饮水，芽孢进入羊消化道，但并不一定引起发病。在气候骤变，阴雨连绵或秋、冬寒冷季节，羊寒冷饥饿或采食了冰冻带霜的草料时，引起羊感冒或机体抗病能力下降，腐败梭菌大量繁殖，产生外毒素引起发病导致死亡。本病以散发性流行为主，发病率低而病死率高。

【症状】

病羊往往来不及出现临床症状，就突然发病死亡。放牧时，见羊突然停止采食，离群卧地，精神不佳，很快出现神经症状：不安、磨牙、兴奋及跳跃等。病程长的羊离群卧地，不愿走动，强迫行走时，运动失调，腹部膨胀，有痛感，排粪困难，里急后重，有的排黑色稀粪，一般体温不高，有的可升高到41.5℃左右，口流带血的泡沫，数小时内痉挛或昏迷而死，罕有痊愈者。

【治疗】

病羊往往来不及治疗而死亡。对那些病程稍长的羊只，可用青霉素类的抗生素进行治疗和群体预防，如头孢噻呋钠粉针剂每千克体重10毫克加黄芪多糖注射液每千克体重0.1毫升混合肌内注射，每天1～2次，预防用量减半；可给病羊灌服10%～20%的石灰水50～100毫升，连用1～2次，以缓解酸中毒；可肌内注射安钠咖3～5毫升/次，静脉注射10%～25%葡萄糖100～200毫升/次，用以缓解神经症状。

【预防】

常发病地区，每年定期注射羊梭菌病多联干粉灭活苗，皮下或肌内注射1毫升/头，规模养殖场建议每年春秋各注射一次；及时隔离病羊，对病死羊严禁剥皮利用，尸体及排泄物应深埋，被污染的圈舍和场地、用具，用3%的烧碱溶液或20%的漂白粉溶液消毒；当本病严重发生时，应将所有未发病的羊只转移到高燥地区放牧，早上不宜太早出放；加强饲养管理，防止严寒袭击，严禁吃霜冻饲料。

三、破伤风

破伤风是由破伤风梭菌经伤口感染引起的一种创伤性、中毒性传染病，特征是患病羊全身肌肉发生强直性痉挛，常呈"木马状"，对外界刺激的反射兴奋性增强。该病主要通过接触感染，也可经呼吸道、皮肤创伤等途径感染。病羊的粪便、皮毛均为病毒的传播媒介。羊常因断角、去势、断脐和其他创伤或擦伤而感染，因该病菌为厌氧菌，出现症状一般发生在伤口愈合后，所以在临床上有许多病例往往找不到伤口。本病无季节性，通常为零星散发。

【症状】

成年羊病初临床症状不明显，明显症状见于发病的中、后期，表现为不能自由卧下或起立，四肢逐渐强直，运动困难，角弓反张，牙关紧闭，口流涎，耳直立，眼球凹陷，瞳孔散大，常发生轻度肠臌胀。羔羊的破伤风常起因于脐带感染，可呈现畜舍性流行，角弓反张明显，常伴有腹泻，病死率极高，几乎可达100%。

【治疗】

早期使用20万～80万单位剂量的破伤风抗毒素，分3次注射；尽早查明有伤口感染的羊只并进行外科处理，清除创内的脓汁、异物、坏死组织及痂皮等，并用2%高锰酸钾或5%～10%碘酊消毒创面，同时结合青霉素、链霉素，在创伤周围注射，以清除破伤风毒素来源；在羔羊断脐、断尾、打耳标、公羊阉割、母羊分娩、施行去角时要注意器械、手术部位等的消毒。

【预防】

每年定期皮下注射破伤风类毒素；当发现羊身上任何部分发生创伤时，立即用碘酒严格消毒，并应避免泥土及粪便侵入伤口。

四、布鲁氏菌病

布鲁氏菌病是由布鲁氏菌引起的一种人畜共患的传染病，主要侵害生殖系统。羊感染后，主要特征见于母羊发生流产和公羊发生睾丸炎。细菌存在于病羊流产的胎儿、羊水和奶中，通过消化道、伤口、交配等途径传播。本病无明显的季节性。

【症状】

妊娠母羊发生流产是该病的主要症状，流产常发生在妊娠后的3～4个月，流产前病羊食欲减退，口渴，精神不振，起卧不安，体温升高，阴道中流出黄色、灰黄色黏液，流产的母羊常发生产死胎、乳房炎、关节炎、关节水肿、跛行的症状。公羊表现为睾丸肿大。

【治疗】

此病尚无特效药物治疗。可疑病例可用土霉素、金霉素或磺胺类药物治疗，一经确诊为患有本病，则最好作淘汰处理。

【预防】

应当着重体现"预防为主"的原则，采用检疫、免疫、淘汰患病动物等措施。在未感染动物群体中，控制本病传入的最好办法是自繁自养；对于受病威胁的羊群，每年用凝集反应或变态反应定期进行 2 次检疫，检出的阳性病羊立即淘汰；流产的胎儿、胎衣、羊水和产道分泌物应深埋处理；布鲁氏菌病常发地区，用布鲁氏菌羊型五号冻干菌苗皮下注射 1 毫升进行免疫。

五、口蹄疫

口蹄疫是由口蹄疫病毒引起的人畜共患的一种急性、热性、高度接触性传染病，主要侵害偶蹄兽。其临床特征是患病动物口腔黏膜、蹄部和乳房发生水疱和溃疡。病畜和带毒动物为传染源，主要经消化道感染，也可经受伤的皮肤、黏膜及呼吸系统传播。该病传播迅速，流行面广，常呈现一定的季节性。

【症状】

初期体温升高，食欲降低，精神沉郁，闭口呆立、流涎。后期则在口腔黏膜、蹄冠、趾间、乳头和乳房上发生大小不等的水疱，约经 2 天水疱破裂，形成烂斑。若护理不当，继发感染形成溃疡、坏死。若不发生其他并发症，一般预后良好，死亡率较低。羔羊发生此病，往往伴有胃肠炎和心肌炎，病势较严重，死亡率也较高。

【治疗】

羊发生口蹄疫后，一般不允许治疗，而应采取扑杀措施。

【预防】

要严格畜产品的进出口，加强检疫，不从疫区引进偶蹄动物及产品并按照国家规定实施强制免疫。发生疫情时，立即上报，按国家相关规定，严格实行划区封锁，紧急预防接种，搞好检疫、隔离、消毒工作。

六、羊痘

羊痘是由羊痘病毒引起的羊的一种急性、热性、接触性传染病。羊痘包括绵羊痘和山羊痘。山羊、绵羊互不传染。绵羊比山羊更容易感染。羊痘病的特征是皮肤和黏膜上发生特异的痘疹，可见典型的斑疹、丘疹、水疱、脓疱和结痂等病理过程。病羊与带毒羊是主要传染源，被病羊污染的场所、草地，与病羊接触过的用具、饲养人员，以及蚊蝇等吸血昆虫和体外寄生虫均可成为传播媒介。本病一年四季均可发生。

【症状】

病羊体温升高、精神不振、食欲减退，并伴有可视黏膜卡他性、脓性炎症。3～4天后开始发痘，痘疹多发生于皮肤、黏膜无毛或少毛部位。典型病例初期为脐状丘疹，后变为水疱、脓疱，最后干结成痂，脱落而痊愈。羊痘对成年羊危害较轻，病死率1%～2%；对羔羊危害严重，病死率达20%～50%。

【治疗】

对病羊可用1%高锰酸钾溶液冲洗患部，然后涂以碘甘油或紫药水；为防止继发感染时，肌内注射头孢类的抗生素每千克体重10毫克或用10%磺胺嘧啶钠注射液10～20毫升（首次量加倍），肌内注射1～2次。

【预防】

平时做好饲养管理，经常对羊圈进行清扫，保持干燥清洁。在流行地区，每年定期免疫注射，接种羊痘鸡胚化弱毒疫苗，每只绵羊皮下注射0.5毫升，山羊皮下注射2毫升。勿从疫区进羊或购入畜产品，进羊时要做好检疫消毒工作。

七、羔羊大肠杆菌病

羔羊大肠杆菌病是由致病性大肠杆菌所引起的一种幼羔急性、致死性传染病。主要是通过消化道感染。在羔羊接触病羊、不卫生的环境、吸吮母羊不干净的乳头时，均可感染。本病一年四季均可发生，但羔羊多发于冬、春舍饲期间。

【症状】

潜伏期数小时至2天，分为败血型和肠炎型。

（1）败血型 主要见于2～6周龄的羔羊。病羔体温升高到41～42℃，精神萎靡、四肢僵硬、迅速虚脱、轻度腹泻、口吐泡沫、鼻流黏液。有的有神经症状，运动失调，磨牙，视力障碍；有的出现关节炎，有的在濒死期从肛门流出稀粪，呈急性经过，多在4～12小时死亡，死亡率可达80%以上。

（2）肠炎型 主要发生于7日龄以内的幼羔。主要症状是下痢。羔羊病初体温升高到40～41℃，粪便稀薄，呈半液状，带有气泡，恶臭，起初呈黄色，继而变为淡白色，含有乳凝块，严重时混有血液，粪便污染后躯及腿部。病羔腹痛、拱背、萎靡、虚弱、严重脱水，衰竭，卧地不起，有时出现痉挛，如不及时救治，经24～36小时死亡，病死率15%～75%。

【治疗】

（1）土霉素 每日每千克体重20～50毫克，分2～3次口服，或每日每千克体重10～20毫克，分2次肌内注射。

（2）磺胺嘧啶钠 5～10毫升（首次量加倍），肌内注射，每日2次。

（3）沙拉沙星注射液 每千克体重0.1～0.2毫升，肌内注射，每日1～2次。

【预防】

加强妊娠母羊和新生羔羊的饲养管理，保持圈舍干燥，做好抓膘、保膘工作，羔羊应及时吸吮初乳，保证新生羔羊健壮、抗病力强。对污染的环境、用具，要用 3%～5% 来苏儿液消毒。接种羊大肠杆菌病疫苗进行预防。

八、羊链球菌病

羊链球菌病俗称嗓喉病，是由溶血性链球菌引起的一种急性、热性、败血性传染病。本病主要发生于绵羊，山羊次之。病羊和带菌羊为主要传染源，主要通过消化道和呼吸道传染，病死羊的肉、骨、皮、毛等也可散播病原。本病常呈地方流行性或散发，多于冬、春季节。严寒、天气骤变加之饲养管理不良等多种因素，可促使本病的发生与流行。

【症状】

病羊体温升高到 41℃ 以上，呼吸异常困难、咽喉部及下颌淋巴结肿大，精神不振，呆立，咳嗽，厌食，流浆液、脓性带血鼻液。结膜充血发绀，粪便松软，带有黏液或血液。眼睑、唇部、面颊及乳房肿胀。临死前常有磨牙、呻吟、抽搐现象。急性病例呼吸困难，24 小时内死亡，一般情况下 2～3 天死亡。

【治疗】

对病羊和可疑羊分别隔离治疗，场地、器具等用 10% 石灰乳或 3% 来苏儿严格消毒，羊粪及污物等堆积发酵，病死羊进行无害化处理。早期病羊可用青霉素按每次 80 万～160 万单位，每日肌内注射 2 次，连用 2～3 次，或用磺胺六甲氧嘧啶，按每千克体重 0.2 毫升剂量，首次加倍，每天 1 次，连用 3 天。重症羊可先肌内注射尼可刹米，以缓解呼吸困难，再给予强心补液。

【预防】

禁止从疫区引进羊及羊产品。加强饲养管理，做好抓膘、保膘及防寒保暖工作。发病季节到来之前，用羊链球菌氢氧化铝甲醛疫苗进行预防接种，每只羊皮下注射 3 毫升。

九、羊支原体性肺炎

羊支原体性肺炎，又称羊传染性胸膜肺炎、烂肺病，是由支原体所引起的一种高度接触性传染病，其临床特征为高热，咳嗽，胸和胸膜发生浆液性和纤维素性炎症。病羊和带菌羊是本病的主要传染源。本病常呈地方流行性，接触传染性很强，主要通过空气、飞沫经呼吸道传染。阴雨连绵，寒冷潮湿，羊群密集、拥挤等因素，有利于空气、飞沫传染的发生；多发生在山区和草原，主要见于冬季和早春枯草季节，羊只营养缺乏，容易受寒感冒，因而机体抵抗力降低，较易发病，发病后病死率也较高。新疫区的暴发，几乎都是由于引进或迁入病羊或带菌羊而引起的。

【症状】

本病的临诊症状为高热、咳嗽，胸和胸膜发生浆液性和纤维性炎病，病死率高。潜伏期短者 5～6 天，长者 3～4 周，平均 18～20 天。根据病程和临诊症状，可分为最急性、急性和慢性 3 型。

(1) 最急性型　病初体温增高，可达 41～42℃，极度委顿，食欲废绝，呼吸急促而有痛苦的鸣叫。数小时后出现肺炎症状，呼吸困难，咳嗽，并流浆液带血鼻液，肺部叩诊呈浊音或实音，听诊肺泡呼吸音减弱、消失或呈捻发音。12～36 小时内，渗出液充满病肺并进入胸腔，病羊卧地不起，四肢直伸，呼吸极度困难，每次呼吸则全身颤动；黏膜高度充血，发绀；目光呆滞，呻吟哀鸣，不久窒息而亡。病程一般不超过 4～5 天，有的仅 12～24 小时。

(2) 急性型　最常见。病初体温升高，继之出现短而湿的咳嗽，伴有浆性鼻漏。4～5 天后，咳嗽变干而痛苦，鼻液转为铁锈色的脓性黏液，沾于鼻孔和上唇，结成干硬的棕色痂垢。高热稽留不退，食欲锐减，呼吸困难和痛苦呻吟，眼睑肿胀，流泪，眼有黏液、脓性分泌物。口半开张，流泡沫状唾液。头颈伸直，腰背拱起，腹肋紧缩，最后病羊倒卧，极度衰弱委顿，有的发生臌胀和腹泻，甚至口腔中发生溃疡，唇、乳房等部皮肤发疹，濒死前体温降至常温以下，病期多为7～15天，有的可达1个月，不发生死亡的转为慢性。

（3）慢性型　多见于夏季。全身症状轻微，体温降至40℃左右。病羊间有咳嗽和腹泻，鼻涕时有时无，身体衰弱，被毛粗乱无光。在此期间，如饲养管理不良，与急性病例接触或机体抵抗力降低时，很容易复发或出现并发症而迅速死亡。

【治疗】

发病时，隔离病羊，用10％漂白粉溶液或4％氢氧化钠溶液对羊舍和器具严格消毒。用新胂凡纳明（914）静脉注射，能有效地治疗和预防本病。病初使用足够剂量的土霉素、四环素或泰乐菌素等有一定的治疗效果。

【预防】

提倡自繁自养，防止引入或迁入病羊和带菌者。加强饲养管理，增强羊的抵抗力，避免寒冷、潮湿等不良诱因影响。在流行地区，用支原体性肺炎疫苗接种。贯彻预防为主的方针，对羊栏舍坚持日日清扫，保持栏舍和羊只的通风干燥卫生，并坚持定期消毒，切断疫病传播途径，消灭疫病源头。

十、羊水肿病

羊水肿病是由溶血性大肠杆菌病引起的一种急性传染病，最为显著的临床特征为患羊下腭水肿，水肿块呈布袋状，波动感明显，又称"大下巴病"，本病呈零星散发或同圈群发。病羊和带菌羊是最主要的传染源，主要通过空气传染、接触传染、消化道传染；以夏季闷热季节、羊群密集拥挤、卫生状况差、饲料营养单一时高发。以育肥架子羊最为易感，死亡率10％左右，成年母羊偶见发病，患羊预后良好。

【症状】

临床症状主要表现为可视黏膜苍白，水肿，体温在 40℃左右，患羊消瘦，食欲减退或废绝，精神委顿，部分患羊排黑色细粪，面部明显肿大，下腭处可见一个有波动感的包块，按压留痕，针刺后挤压周围组织有透明液体慢慢渗出，眼结膜苍白，尾根无毛处以及四肢内侧少毛处皮肤黏膜苍白，水肿，指压留痕；解剖可见皮下呈半透明胶冻样渗出，胸腔积液，肠系膜有不同程度的水肿，肠系膜淋巴结明显水肿，肠黏膜水肿，瘤胃大弯处可见水肿区域；肝脏多呈土黄色，边缘钝圆。

【诊断】

分别采取肝脏组织样和胸腔积液以及肠系膜淋巴结做肉汤培养 24 小时后，挑取培养液上层接种于麦康凯培养基中，长出表面光滑、规整、隆起、湿润的中等大小红色菌落，显微镜下革兰氏染色见碎发状红色短杆菌，在 5％鲜兔血营养琼脂板上菌落呈 β 溶血，根据临床症状和实验室诊断即可确诊。

【治疗】

根据药敏实验，以磺胺间甲氧嘧啶钠和头孢噻呋钠最为高敏，实际临床应用以磺胺间甲氧嘧啶钠效果最为显著，头孢噻呋钠相对次之，在实际中建议以磺胺间甲氧嘧啶钠和噻呋米配合使用。

（1）磺胺间甲氧嘧啶钠注射液　每千克体重 0.1 毫升（首次倍量），肌内注射，每天 1～2 次，用以抗菌消炎。

（2）噻呋米　每千克体重 0.05 毫升，肌内注射，每天 1 次，用以抗水肿。

【预防】

（1）加强饲养管理，饲喂优质饲料，增强羊群抵抗力。

（2）保持圈舍干燥，通风，定期消毒。

（3）高温闷热夏季期间，建议使用电解质类添加剂，拌料使用一定周期，以增强体质和抗应激能力。

十一、小反刍兽疫

小反刍兽疫是由小反刍兽疫病毒引起的反刍动物急性接触性传染性疾病。此病主要临床症状为发病急剧、高热稽留、眼鼻分泌物增加、口腔糜烂、腹泻和肺炎，通过羊分泌物和排泄物经直接接触或呼吸道飞沫传染，是危害较大的疫病，在易感动物群中此病的发病率可达 100％，严重暴发时致死率为 100％，中度暴发时致死率达 50％，对畜牧养殖业造成了较大威胁。本病毒主要感染绵羊和山羊。

【症状】

潜伏期为 4～6 天，一般在 3～21 天。羊发病急剧，高热41℃以上，稽留 3～5 天；初期精神沉郁，食欲减退，鼻镜干燥，口鼻腔流黏液脓性分泌物，呼出恶臭气体；口腔黏膜和齿龈充血，进一步发展为颊黏膜出现广泛性损害，导致涎液大量分泌排出；随后黏膜出现坏死性病灶，感染部位包括下唇、下齿龈等处，严重病例可见坏死病灶波及齿龈、腭、颊部及乳头、舌等处。后期常出现带血的水样腹泻，病羊严重脱水、消瘦，并常有咳嗽、胸部啰音以及腹式呼吸的表现。死前体温下降。

【诊断】

根据临床表现可做出初步诊断，确诊需要进行实验室检查，主要包括病毒分离鉴定和血清学试验。

（1）病毒分离鉴定　可用棉拭子采集病羊的眼结膜、鼻腔分泌物及直肠黏膜或病死羊的脏器等病料接种适当细胞，当细胞培养物出现病变或形成合胞体时，表明存在病毒，接着用标记抗体、电镜或 PCR 方法鉴定。

（2）血清学方法　常用中和试验、琼脂免疫扩散试验、荧光抗体试验等方法。采集双份血清进行检测，当抗体滴度升高 4 位以上时表明存在病毒。

【预防】

此病危害相当严重，是重大传染病之一。此病无特效的治疗方法，受威胁地区可通过接种牛瘟弱毒疫苗建立免疫带，加强检疫，防止传入。

第二节　羊的主要寄生虫病

一、血吸虫病

羊血吸虫病是血吸虫寄生在羊盆腔静脉、肠系膜静脉和门静脉内，引起贫血、消瘦与营养障碍的一种疾病。

病原为分体属和东毕属血吸虫，分体属在我国只有日本分体吸虫，虫体细长，雄虫呈乳白色，口吸盘在虫体前端，具有短而粗的柄，腹吸盘较大，体壁自腹吸盘后方至尾部两侧向腹面卷起形成抱雌沟，通常雌虫在沟内呈合抱状态。雌虫呈暗褐色，卵巢呈椭圆形，位于虫体中部偏后方两肠管合并处前方。虫卵呈短卵圆形，淡黄色。日本血吸虫雌雄异体，虫卵在水中孵出毛蚴，侵入湖北钉螺体内，经母胞蚴、子胞蚴发育为尾蚴，从螺体逸出，经皮肤或黏膜侵入羊体。

【症状】

轻度感染者无明显症状，只有当突然感染大量尾蚴后，才急性发病。病羊表现体温升高，似流感症状，呼吸急促、食欲减退、精神不振、下痢、有浆液性鼻液、消瘦等，常可造成大批死亡。慢性病例一般呈现下颌及腹下水肿，黏膜苍白，消化不良，腹围增大，软便或下痢；幼羊表现为生长发育停滞，甚至死亡；母羊表现为不发情、不孕或流产。

【诊断】

取粪便直接涂片，或用集卵法和虫卵毛蚴孵化法检出病原即可确诊。死后诊断常用剖检法，采取肝组织和直肠黏膜压片检出虫卵，或从门脉和肠系膜静脉冲洗出虫体即可作出诊断。

【治疗】

(1) 六氯对二甲苯 剂量按每千克体重 200～300 毫克灌服。

(2) 硝硫氰胺 剂量按每千克体重 4 毫克，配成 2%～3% 水悬液颈静脉注射。

(3) 敌百虫 剂量绵羊按每千克体重 70～100 毫克，山羊按每千克体重 50～70 毫克灌服。

(4) 吡喹酮 剂量按每千克体重 30～50 毫克，一次口服。

【预防】

①定期驱虫；②在疫区内，对粪便堆积发酵，杀灭虫卵；③消灭中间宿主钉螺最为重要；④安全放牧，全面合理规划草场，实行轮牧制，避免感染尾蚴；⑤保证饮水和圈舍卫生以及利用适宜季节避免感染和净化疫源地。

二、羊绦虫病

羊绦虫病是由主要寄生于羊小肠内的莫尼茨绦虫、曲子宫绦虫和无卵黄腺绦虫的成虫引起的一种危害严重的寄生虫病，其中莫尼茨绦虫最为常见、危害也最为严重，成熟的绦虫节片和虫卵随粪便排出体外，被中间宿主地螨吞食，如果羊吃了地螨，就在体内发育成绦虫。每年 4～5 月开始发病，6～7 月达到高峰，主要危害羔羊。

【症状】

病羊食欲减退、饮欲增加、精神不振、发育迟滞，腹泻，粪便中可见乳白色的"面条状"孕卵节片，病羊迅速消瘦、贫血，有时出现痉挛或回旋运动或头部后仰的神经症状，有的病羊因虫体成团引起肠阻塞产生腹痛甚至肠破裂，因腹膜炎而死亡。病末期，常因衰弱而卧地不起，多将头折向后方，经常作咀嚼运动，口周围有许多泡沫，最后死亡。

【诊断】

取粪便检查虫体节片。病理解剖可见肠道内有虫体，寄生部位有卡他性炎症。

【治疗】

（1）驱绦灵　每千克体重 50～75 毫升，一次口服。

（2）口服 1％的硫酸铜，1～6 月龄的羔羊用 15～45 毫升，7 个月以上的羊用 45～100 毫升。

（3）丙硫咪唑　每千克体重 10～15 毫升，一次口服。

（4）硫双二氯酚　每千克体重 35～75 毫克，一次口服。

【预防】

（1）采取圈养的饲养方式，以免羊吞食地螨而感染。

（2）驱虫后的羊粪要及时集中堆积发酵，以杀死虫卵。

（3）定期驱虫。

（4）不要在潮湿地放牧，尽可能少在清晨、黄昏和雨天放牧，以避免感染病原。

（5）经过驱虫的羊群，不要到原地放牧，要及时地转移到安全牧场，可有效地预防绦虫病的发生。

三、螨病

羊螨病也称疥癣病，是一种由痒螨或疥螨寄生在羊皮肤表面而引起的一种慢性体外寄生虫病。该病多发生在秋末、冬季及初春。发病时，痒螨病起始于被毛稠密和温度、湿度比较恒定的皮肤部分，如绵羊多发生于背部、臀部及尾根部，以后才向体侧蔓延；疥螨病一般始发于羊皮肤柔软且短毛的部位，如嘴唇、口角、鼻面、眼圈及耳根部，以后皮肤炎症逐渐向周围蔓延。

【症状】

患羊主要表现为消瘦、皮肤增厚、剧痒、脱皮，不断在圈墙、栏柱等处摩擦，患部皮肤开始出现针头大至粟粒大结节，继而形成水疱、脓疱，渗出浅黄色液体，进而形成结痂。患羊脱毛后畏寒怕冷剧痒而不顾采食，逐步消瘦，甚至死亡。

【诊断】

在皮肤的患部与健康部交界处刮取病料，要求一直刮到皮肤轻微出血为止，检出虫体即可确诊。

【治疗】

（1）新灭癞灵　稀释成 1‰～2‰的水溶液，以毛刷蘸取药液刷拭患部及其周围部位。

（2）阿维菌素　剂量为每千克体重 0.2 毫克，一次皮下注射。

（3）病羊比较多时，选用 0.1‰～0.2‰新灭癞灵或 0.05‰辛硫磷或螨净，在药浴池内进行药浴。

（4）晶体敌百虫　稀释成 3‰的水溶液，涂抹患处，每周 2～3 次，或以 1‰～2‰的溶液群体药浴。

【预防】

（1）保持羊舍及羊体的清洁卫生，圈舍应经常保持干燥、通风，并定期清扫和消毒。

（2）每年秋、冬及早春对病羊污染过的羊圈、用具等要进行彻底消毒。

（3）每年定期对羊群进行药浴，可取得预防和治疗的双重效果。

（4）对新购入的羊应隔离检查，确定无疥螨寄生后再混群饲养。

四、羊鼻蝇蛆病

羊鼻蝇蛆病是羊鼻蝇幼虫寄生在羊的鼻腔、额窦或鼻窦引起的一种慢性寄生虫病。羊鼻蝇又称羊狂蝇，成虫呈淡灰色，略带金属光泽，形如蜜蜂，体长 10～12 毫米。成虫出现于每年 5～9 月，尤以 7～9 月为最多，一般只在炎热晴朗无风的白天活动而侵袭羊只，专寻羊只的鼻镜或伤口处产第 1 期幼虫。幼虫一般寄生 9～10 个月，到第 2 年春季发育为第 3 期幼虫，所以此病流行特点是夏季感染、春季发病。

【症状】

病羊不安，摇头，奔跑，低头，拥挤，骚动，喷鼻，鼻黏膜肿胀、出血、发炎，流带血的脓性鼻涕，运动失调，转圈，弯头，影响羊的采食和休息，造成营养不良、精神疲乏、身体消瘦，最后衰竭而死亡。

【诊断】

剖检病死羊，在鼻腔、鼻窦或额窦内可发现各期羊狂蝇幼虫。

【防治】

（1）用1%阿维菌素，按每千克体重0.2毫克剂量进行皮下注射，可驱杀羊狂蝇各期幼虫。

（2）3%的来苏儿，喷洗鼻腔，每侧鼻腔孔喷射药液20～30毫升；也可用1%的敌百虫溶液喷鼻。

（3）消灭羊舍或牧场上的羊鼻蝇成虫。在成虫飞翔季节，在羊鼻腔周围和鼻部涂擦1%敌敌畏软膏，每隔7天换一次药，可防成虫飞近鼻腔和杀死幼虫。

（4）口服碘醚柳胺，按每千克体重60毫克配成悬浮液，经口灌服，此法可杀灭98%以上的羊狂蝇各期幼虫。

五、细颈囊尾蚴病

细颈囊尾蚴病是泡状带绦虫的中绦期幼虫寄生于羊的肝脏浆膜、网膜、肠系膜等处所致的。细颈囊尾蚴的成虫寄生在犬、狼等肉食动物的小肠里，幼虫寄生于猪、牛、羊等家畜及野生动物的网膜、肝脏浆膜及肠系膜等处，是一种重要的人畜共患病，流行广泛，危害严重，呈世界性分布。

【症状】

在少量寄生时，不呈现症状。初感染时，能引起局限性或弥漫性腹膜炎，急性肝炎。感染严重者可出现消瘦、贫血、黄疸、虚弱，如发生腹膜炎或急性肝炎时，体温升高，消瘦，寄生在肝内的包囊压迫肝组织，可引起肝功能障碍，有的可寄生在肺脏，而引起呼吸障碍。

【诊断】

病理剖解时，可在肝脏的浆膜、网膜、肠系膜及腹膜等处发现黄豆大到鸡蛋大小不等的乳白色泡囊，呈水疱状，俗称水铃铛。对终末宿主犬以粪便检查虫卵或孕节片为主。

【治疗】

（1）吡喹酮以每千克体重50毫克内服，可杀死细颈囊尾蚴。

（2）用液体石蜡配成10％的溶液，分2次间隔1天肌内注射有良效。

【预防】

（1）加强犬的管理，对犬进行定期投药、驱虫，驱虫药可用氢溴酸槟榔碱。

（2）中间宿主的家畜屠宰后，应加强肉品卫生检验，检出细颈囊尾蚴及其寄生的内脏须进行无害处理，不得随意丢弃或喂犬。

（3）避免羊舍、草料、饮水、用具及场地被犬粪污染。

（4）蝇在传播虫卵中起着重要作用，应采取可行方法灭蝇。

第三节 羊的主要普通病

一、口炎

羊口炎是发生在羊的口腔黏膜表层和深层组织的炎症。临床上常见为原发性和继发性口炎。原发性口炎常因外伤引起，如采食尖锐的秸秆、植物枝杈等刺伤口腔而发病，也可因接触氨水、强碱、强酸，造成口黏膜损伤而发病。继发性口炎则多发生于羊患口疮、霉菌性口炎、口蹄疫、过敏反应、羊痘和羔羊营养不良时。

【症状】

原发性口炎病羊常采食减少或停止，口腔黏膜潮红、流涎、疼痛、肿胀，甚至糜烂、出血和溃疡。继发性口炎多见有体温升高等全身反应，伴有羊口疮、口蹄疫、羊痘等相关传染病的症状。

【治疗】

（1）轻度口炎可用2％～3％碳酸氢钠溶液、0.1％高锰酸钾溶液或2％食盐反复冲洗口腔，每天1～2次，直至痊愈为止。

（2）慢性口炎发生糜烂时，可选用5％碘酊、碘甘油、硫黄软膏、四环素软膏等涂拭患部。

（3）全身反应明显时，用青霉素40万～80万单位、链霉素1000毫克，1次肌内注射，连用3～5天。

【预防】

（1）加强管理，防止因化学、机械及尖锐异物对羊口腔造成损伤而发生口炎，对传染病并发口炎者，须进行隔离消毒。

（2）保持环境和用具卫生，饲槽用2％的火碱水刷洗消毒。

二、食管阻塞

羊食管阻塞是由于异物或食团突然阻塞羊的食管，以致吞咽障碍为特征的疾病。食管阻塞，其病因有原发性和继发性两种。原发性食管阻塞，主要因为羊过于饥饿采食过急、吞咽过猛而致病，或者是抢食，吞咽萝卜、马铃薯、甘蓝、甘薯等块根饲料过急；或因采食大块豆饼、玉米棒以及谷草、干稻草、青干草和未拌湿均匀的饲料等，咀嚼不充分忙于吞咽而引起。继发性食管阻塞，常见于食管狭窄、麻痹、扩张和食管炎。也有中枢神经兴奋性增高，发生食管痉挛，采食中引起食管阻塞。

【症状与诊断】

突然发病时，病羊停止采食，头颈伸直，极度不安，伴有吞咽和作呕动作，流涎。由于嗳气受到障碍，多引起膨胀。因食管和颈部肌肉收缩造成呼吸困难，反射性咳嗽。完全阻塞时，水及唾液从鼻孔、口腔流出，在阻塞物上方部位积存有液体，触之有波动感。

【治疗】

阻塞物塞于咽或咽后时，将羊保定，配合开口器，用手或者工具取出阻塞物；当阻塞发生在颈部的中或下 1/3 处时，先向食管中灌注 200～250 毫升食用油以减轻摩擦，然后将异物先向咽部稍移动，用胃管涂以凡士林或其他油类插入食管，把阻塞物向瘤胃推进；也可通过实施手术，取出异物，加强术后护理。

【预防】

经常清理牧场及羊舍周围的异物，避免羊只误食。块根饲料不可直接给予，应切碎后再喂羊。加强饲养管理，定时补喂饲草，避免羊只过于饥饿抢食而被异物阻塞。

三、前胃弛缓

前胃弛缓是由各种病因导致前胃神经兴奋性降低，肌肉收缩力减弱，瘤胃内容物运转缓慢，产生大量发酵和腐败的物质，引起消化障碍、食欲、反刍减退，乃至全身机能紊乱的一种疾病。该病分为原发性和继发性两种。原发性前胃弛缓主要见于长期饲喂粗纤维多、营养成分少的饲草或草料质量低劣，纤维粗硬、刺激性强、难于消化的饲料以及饲喂变质或冰冻、缺乏矿物质和维生素的饲料所致。继发性前胃弛缓，常继发于瘤胃积食、创伤性网胃炎、瘤胃臌气、胃肠炎和其他内科、产科和某些寄生虫病时。

【症状与诊断】

前胃弛缓按其病情发展过程，可分为急性和慢性两种类型。

（1）急性型　病羊食欲减退甚至废绝，反刍减少或停止。瘤胃蠕动音减弱，蠕动次数减少，触诊瘤胃充满，有柔实感觉，有时轻度臌气。

（2）慢性型　通常由急性型前胃弛缓转变而来。病羊食欲不定，有时减退或废绝；常常磨牙、舔砖、吃土或采食被粪尿污染的污物；精神萎靡，倦怠无力，喜卧地，被毛粗乱，反刍缓慢，瘤胃蠕动减弱，次数减少。

【治疗】

（1）饥饿疗法，停喂 2～3 次。

（2）用 10%氯化钠 20 毫升、生理盐水 100 毫升、10%氯化钙 10 毫升，混合后一次静脉注射。

（3）投服缓泻剂，常用液状石蜡 100～200 毫升或硫酸镁 20～30 克。

（4）胃蛋白酶 8 克、稀盐酸 10 毫升、龙胆酊 20 毫升、木别酊 15 毫升，加水至 200 毫升，分 2 次，一日灌服。

【预防】

注意饲料的配合，防止长期饲喂过硬、难以消化或单一劣质的饲料，合理饲喂精料，不可任意增加饲料用量或突然变更饲料；在休息期间，应注意适当的运动；供给充足的饮水，以温水为宜。

四、瘤胃积食

瘤胃积食是瘤胃充满大量饲料，超过了正常容积，致使胃体积增大，胃壁扩张，食糜滞留在瘤胃引起的严重消化不良的疾病。羊吃了过多的质量不良、粗硬易膨胀的饲料，如块根类、豆饼、霉败饲料等，或采食干料而饮水不足等易引发此病。当发生前胃弛缓、瓣胃阻塞、创伤性网胃炎、腹膜炎、真胃炎、真胃阻塞等疾病时也可导致瘤胃积食的发生。

【症状与诊断】

病初不断嗳气，随后嗳气停止，腹痛摇尾，或后蹄踏地，拱背哞叫，精神不振，排粪困难，结膜发绀。病后期精神萎靡，病羊呆立，不吃、不反刍，鼻镜干燥，耳根发凉，口出臭气，有时腹痛用后蹄踢腹，排粪量少而干黑，瘤胃蠕动音消失，触诊瘤胃坚实或积液。重者脱水，发生酸中毒和胃肠炎，全身症状加剧，精神极度沉郁，卧地不起，四肢颤抖，呈昏迷状态。

【治疗】

（1）消导下泻，可用液状石蜡 100 毫升、人工盐 50 克或硫酸镁 50 克、芳香氨醑 10 毫升，加水 500 毫升，一次灌服。

（2）5％碳酸氢钠 100 毫升，5％葡萄糖 200 毫升，静脉注射用以解除酸中毒。

（3）静脉注射 10％的高渗盐 100～200 毫升，同时皮下注射硫酸新斯的明或毛果芸香碱拟胆碱药物，每只羊每次 12 毫升以促进胃肠蠕动。

（4）药物疗效不佳时，应迅速实施瘤胃切开术，取出内容物，同时注意病羊的术后护理。

【预防】

加强饲养管理，避免大量给予纤维干硬而不易消化的饲料，合理供给精料，预防羊贪食与暴食。舍饲期，要有适当的运动，供给充足的饮水，尽量供给温水，饱食后不要给大量的冷水。

五、肠扭转

羊肠扭转是由于肠管位置发生改变，引起肠腔机械性闭塞，从而造成肠管发生麻痹、出血、坏死变化。临床特征是持续性剧烈腹痛，如不及时对肠管进行复位处理，可造成患羊急性死亡，死亡率达 100％。该病平时少见，多发生于剪毛后，故有的地方称其为"剪毛病"。本病多继发于瘤胃臌气、肠痉挛、肠臌气，在这些疾病中肠管蠕动增强并发生痉挛收缩，或因腹痛引起羊打滚旋转，或瘤胃内臌气使腹压增高后肠管相互挤压而发生肠扭转。

【症状与诊断】

病初，羊精神不安，回头顾腹，起卧不安，伸腰拱背，结膜发绀，口唇有少量白沫，后肢弹腹或踢蹄，不时摇尾和翘唇，不排粪尿。听诊瘤胃蠕动音先增强、后减弱，肠音增强。之后，症状加剧，病羊急起急卧，前冲后撞，腹围逐渐增大，叩之如鼓，肌肉震颤，触诊腹壁敏感，瘤胃蠕动音及肠音减弱或消失。后期，病羊精神萎靡，腹部严重臌气，食欲废绝，结膜苍白，弓腰呆立，强迫行走时步态蹒跚，瘤胃蠕动音及肠音废绝。一般病程6～18小时，若肠管不能复位，病羊死亡。

【治疗】

（1）体位整复法　由助手用两手抱住病羊胸部，将其提起，使羊臀部着地，羊背部紧挨助手腹部和腿部，让羊腹部松弛，呈人伸腿坐地状。术者蹲于羊前方，两手握拳，分别将两拳头置于病羊左右腹壁中部，紧挨腹壁，交替推揉，每分钟推揉60次左右，助手同时晃动羊体。推揉5～6分钟后，再由两人分别提起羊的一侧前后肢，背着地面左右摆动十余次。放下病羊让其站立，持鞭驱赶，使羊奔跑运动8～10分钟，然后观察结果。若病羊嗳气，瘤胃臌气消散，腹壁紧张性减轻，病羊安静，可视为整复术成功。

（2）手术整复法　若采用体位整复法不能达到目的，应立即进行剖腹探诊，查明扭转部位，整理扭转的肠管使之复位。

【预防】

加强饲养管理，避免本病的诱因。

六、流产

羊流产是指母羊妊娠中断，或胎儿不足月就排出子宫而死亡。传染性疾病和普通病均可引起流产。传染性流产多见于布鲁氏菌病、弯杆菌病、毛滴虫病。普通病引起的流产可见于子宫畸形、胎盘坏死、胎膜炎和羊水增多症等；内科病，如肺炎、肾炎、有毒植物中毒、食盐中毒、农药中毒；营养代谢障碍病，如无机盐缺乏、微量元素不足或过剩，维生素A、维生素E不足等，饲料冰冻和发霉等；外科病，如外伤、败血症，以及运输拥挤等也可致流产。

【症状】

突然发生流产者，产前一般无特征表现。发病缓慢者，表现精神不佳，食欲停止，腹痛起卧，拱腰、屡作排尿姿势，阴门流出羊水，待胎儿排出后稍安静。发生隐性流产时，胎儿不排出体外，自行溶解，形成胎骨残留于子宫，常无临床症状。

【治疗】

（1）如果孕羊出现腹痛、起卧不安、呼吸脉搏加快等症状，有可能发生流产，应立即安胎、保胎，使用黄体酮肌内注射25～50毫克，每天2次。

（2）对于排出不足月胎儿或死亡胎儿，不需要进行特殊处理，仅对母羊进行护理。

（3）胎儿死亡，子宫颈未开时，应先肌内注射雌激素，如苯甲酸雌二醇2～3毫克，使子宫颈开张，然后从产道拉出胎儿。

【预防】

加强孕羊饲养管理，重视疫病的防治。

七、难产

羊难产是指羊在分娩过程中发生困难，不能将胎儿顺利地由阴道产出。母羊难产常见于羊只瘦弱或过肥，胎儿异常及胎位、胎势不正，子宫颈口开张不全、阴道狭窄、胎儿过大、双胎或三胎，或母羊发育未全，配种过早，或母羊营养不均衡，运动不足、体质虚弱等。

【症状】

孕羊发生阵痛，起卧不安，回头顾腹，时有拱腰努责，阴门肿胀，从阴门流出红黄色浆液，有时可见胎儿蹄或头，有时露出部分胎衣，但胎儿长时间不能产出。

【治疗】

（1）对于较轻微的产道开张不全、产力不足、胎儿稍大，助产者可用消毒过的手或器械配合母羊努责向外牵引胎儿。

（2）对于因胎位、胎向、胎势异常而引起的难产，用消毒过的手或器械，在子宫内将胎儿矫正成正常胎位、胎势、胎向，然后再行牵引助产。

（3）对于因产力不足或努责、阵缩微弱而引起的难产，可给母羊注射催产素、垂体后叶素等药物。

（4）对于因严重的产道开张不全、产道狭窄、胎儿畸形或过大、胎儿矫正困难而引起的难产，应实施剖宫产手术。

【预防】

（1）防止母羊过早交配，母羊体成熟后方可进行配种。

（2）做好妊娠期饲养管理，妊娠期母羊供给均衡的营养，使母羊不过肥或消瘦，同时妊娠期母羊须做一些合理的运动。

（3）分娩前做好助产准备工作，分娩时要有专人守护，发现分娩过程有异常要及时助产。

八、子宫炎

羊子宫炎是由于助产、分娩、阴道脱、胎衣不下、子宫脱、腹膜炎、胎儿死于腹中等造成细菌感染而引起的子宫黏膜炎症。本病是母羊常见的生殖系统疾病之一，常导致母羊不孕。

【症状】

临床可见急性和慢性两种。

（1）急性　初期病羊精神不佳，食欲不振，呻吟，磨牙，前胃弛缓，体温升高，努责，弓背，常常做排尿姿势，有污红色内容物从阴户内流出。

（2）慢性　病程长，病情相对于急性要轻微一些，子宫分泌物量少，如不及时治疗病情将会恶化，可发展为子宫坏死，继而全身状况恶化，发生败血症或脓毒败血症。有时可继发膀胱炎、腹膜炎、乳房炎、肺炎等。

【治疗】

用 0.1% 高锰酸钾溶液或含 2% 氧氟沙星的协尔兴溶液

300 毫升冲洗子宫，每天一次，连续冲洗 3～4 天。在冲洗后给羊子宫内注入碘甘油 3 毫升，或投放土霉素（0.5 克）胶囊或肌内注射青霉素（16 万单位）、链霉素（100 万单位）。最后用 10％葡萄糖液 10 毫升、林格氏液 100 毫升、5％碳酸氢钠溶液 30～50 毫升，一次静脉注射用以解除自体中毒。

【预防】

（1）注意保持母羊圈舍和产房的清洁卫生。在配种、助产和人工授精时，应加强对环境、器具、母羊外生殖道器和术者手臂的消毒。

（2）助产时要注意消毒，不要损伤产道；对产道损伤、胎衣不下及子宫脱出的病羊要及时治疗，防止感染发炎。

（3）定期检查种公羊的生殖器官是否有传染疾病，防止通过配种发生本病。

（4）产后一周内，注意要经常检查母羊阴道排出物是否有异常变化，如有臭味或排出的时间延长，更需要仔细检查，及时治疗。

九、氢氰酸中毒

氢氰酸中毒是由于羊采食了含有氰苷的植物或误食氰化物而引起的中毒性疾病。含氰苷的植物较多，如高粱苗、玉米苗、三叶草、马铃薯幼苗、南瓜藤、亚麻叶、木薯及桃、李、杏、枇杷的叶子及核仁等。

【症状】

由于氢氰酸是一种剧毒物，动物中毒非常快，最快的可于 3～5 分钟死亡。中毒后病羊腹痛，瘤胃臌气，流涎，呼吸极度困难，呼出气体带有苦杏仁味，黏膜鲜红，出现极度衰弱，步态不稳或倒地症状。重者体温下降，瞳孔散大，肌肉痉挛，眼球颤动，后肢麻痹，全身反射减少乃至消失，呼吸浅微，脉搏细弱，终因呼吸麻痹而死亡。确诊时则需要进行氢氰酸检查。

【治疗】

发病后及时用亚硝酸钠 0.2 克，溶于葡萄糖溶液中，配成 5％的亚硝酸钠溶液，静脉注射。再用 10％硫代硫酸钠溶液 10～20 毫升，静脉注射。必要时可用 5％硫代硫酸钠、0.05％的高锰酸钾溶液或 3％双氧水洗胃。

【预防】

禁止在含有氰苷作物的地方放牧，对氰化物农药应严加保存，以防污染饲料和饮水。

十、有机磷中毒

羊有机磷中毒是羊接触、吸入或采食了有机磷制剂所引起的一种中毒性疾病。羊有机磷中毒通常是误食拌过农药的种子；误食喷洒有机磷农药的牧草或农作物、蔬菜等；误食被有机磷农药污染的饮水；应用有机磷杀虫剂防治羊体外寄生虫，剂量过大或使用方法不当；羊接触有机磷杀虫剂污染的各种工具器皿等而发生中毒。

【症状】

有机磷中毒在临床上可以分为三类症候群：

（1）毒蕈碱样症状　表现为食欲不振、腹泻、腹痛、呕吐、流涎、多汗、尿失禁、瞳孔缩小、呼吸困难，可视黏膜苍白、肺水肿以及发绀等。

（2）烟碱样症状　表现为肌纤维性震颤、脉搏频数、血压升高、麻痹。

（3）中枢神经系统症状　体温升高、抽搐、兴奋不安、昏睡、冲撞蹦跳、全身震颤，渐而步态不稳，以至倒地不起，在麻痹下窒息死亡。确诊时则需要进行胆碱酯酶活性检测。

【治疗】

（1）硫酸镁或硫酸钠 30～40 克溶于适量水中，一次内服，以尽快清除胃内毒物。

（2）用解磷定、双复磷、氯磷定、双解磷，按每千克体重15～30毫克，溶于5%葡萄糖溶液100毫升内，静脉注射进行解毒。或用硫酸阿托品，按每千克体重10～30毫克，肌内注射解毒。

【预防】

加强农药管理和使用方法，严禁在喷洒有机磷农药地区放牧；保管好拌过有机磷农药的种子；用有机磷制剂治疗皮肤病或驱虫时要严格掌握浓度和剂量；接触过有机磷农药的器具务必清洗干净；喷洒过有机磷农药的牧草或农作物必须设有醒目的标志。

[第十三章] 湖羊主要产品的开发与利用

第一节 羊 肉

羊肉中的蛋白质、矿物质、维生素含量高，而脂肪、胆固醇和饱和脂肪酸含量低，是现代人们日常保健食品之一，符合现代消费需求。其中主要氨基酸的量和质完全能满足人体的需要。羔羊肉瘦肉率高、肉质细嫩、低脂肪、膻味轻、味道鲜美、易消化等，深受现代消费者的欢迎。发展现代肉羊生产，不仅可以提供丰富的动物性蛋白，改善饮食组成，改善居民健康状况，而且能提高资源的利用，优化农村产业结构，提高人民生活水平，增加人民收入。

一、湖羊的屠宰

待宰湖羊必须先进行健康观察，凡发现口、鼻、眼有过多分泌物，呼吸困难等异常，均不得出售屠宰。育肥后期使用药物治疗时，使用药物治疗后的健康羊只，应根据所用药物执行休药期，达不到休药期的不能出售食用。为避免破坏皮形完整度、污染毛皮，降低湖羊毛皮的品质和价值，应在羊的颈部，纵向切开皮肤，切口8～12厘米，后用刀伸入切口内向右偏，挑断气管和血管、放血，避免刺破食管。待放血完毕，应及时剥皮。

二、湖羊肉品质评定

1. 肉色 肉色指肌肉的颜色，是由组成肌肉中的肌红蛋白和肌白蛋白的比例决定的。但同时也与羊的性别、年龄、宰前状态，放血完全与否等情况有关。成年羊的肉呈鲜红或红色，老母羊的肉则呈暗红色，而羔羊肉呈现淡灰红色。

2. 大理石纹　指肉眼可见的肌肉横切面红色中的白色脂肪纹状结构，红色为肌细胞，白色为肌束间的结缔组织和脂肪细胞。白色纹理多而显著，表示其中蓄积较多的脂肪组织，肉多汁性好，是简易衡量肉含脂量和多汁性的好方法。

3. 羊肉的嫩度　指肉的老嫩程度，是人食肉时对肉撕裂、切断和咀嚼时的难易，嚼后在口中留存肉渣的大小和多少的总体感觉。

4. 熟肉率　指肉熟后与生肉的重量比率。

5. 羊肉酸碱度（pH）的测定　指羊被宰杀停止呼吸后，在一定条件下，经过一定时间所测得的 pH。羊被宰杀后，其 pH 会降低，从而改变肉的保水性能、嫩度、组织状态和颜色等性状。

6. 羊肉失水率　指羊肉在一定压力条件下，经一定时间所失去的水分占失水前肉重的百分数。失水率越低，则保水性越强，肉质越嫩、越好。

7. 羊肉系水力　指肌肉保持水分的能力，用加压后肌肉面积与水面积和肌肉面积之和的比值表示。系水力高，则肉品质好。

8. 膻味　膻味物质是羊代谢的产物。湖羊膻味轻，鉴别其膻味，最简单的方式是煮沸品尝，开水煮熟后，切成薄片，不加任何佐料，咀嚼后判断。

湖羊肉质鲜嫩，膻味较轻，深受消费者喜爱。苏州市吴中区东山镇注册了"东山湖羊"地理标志集体商标，以东山"白煨羊肉"烹饪闻名；徐州市丰县苏羊羊业有限公司注册了"渊子湖"羊肉品牌，将羊肉产品深加工后进行销售。

第二节 毛 皮

一、湖羊毛

湖羊毛属于异质型毛，柔软有光，毛丛较短，因此，其主要可用作织制粗呢和地毯。湖羊毛呈淡黄色，主要是因为其毛丛油汗高度较好。但它的强度低于美利奴羊毛，细度离散系数远大于美利奴羊毛。由于湖羊毛自身特性，造成织物手感差，无细腻感，但其织物较挺。

二、湖羊皮

湖羊以其羔皮闻名世界，羔皮又称小湖羊皮，是指生后3天以内的羔羊屠宰或死亡所剥取的毛皮。湖羊羔皮皮板轻柔、毛色洁白，花纹呈波浪状、扑而不散，有丝样光泽，是世界上四大名贵羔皮之一，素有"中国软宝石"之称。湖羊羔皮经鞣制后可以染成各种颜色，可供制作帽子、披肩等。

屠宰与开片技术直接关系到羔皮的品质。体重1.5千克以上的羔羊可钉成大片皮，不足1.5千克的只能钉成小片皮。放血后，从羊尾中间沿腹中线至下颌部切开皮张，然后从后肢蹄壳处开切至肛门，由前肢蹄壳沿管骨直线切至前胸，用手指分离皮层与肌肉，剥下羔皮。

刚剥下的羔皮应浸泡在清水池内洗去血水。同时，用手洗去毛面脏物，梳洗顺序应从头部至尾部，为防毛丛花纹杂乱，切勿倒梳。全皮梳洗干净后，用铁钩钩住鼻孔处，挂起羔皮，使水自然滴落，切勿刮倒，防止倒毛。

待皮张晾干，保持毛峰平伏，即开始钉皮。钉皮顺序是先钉两边，再钉下排，后钉上排，钉与钉之间距离要均匀。钉板可用杉木板，一般长2米、宽0.67米、厚1.7厘米。晒皮钉好的羔皮须晾透或烘干，但切勿在阳光下曝晒。

晒干的羔皮经边毛修剪和毛面梳理后，应毛对毛、板对板相叠贮存保管，仓库力求阴凉、干燥、通风，下设地板，或贮放在货架上，切忌直接放在泥地或水泥地上，避免地面返潮而引起羔皮变质。

湖羊 2～4 月龄时剥取的幼龄羊/皮板，称为"袍羔皮"，皮板轻薄，毛细柔，光泽好，是上好的裘皮原料。

湖羊毛皮具有极高的经济价值。鞣制成裘皮后，可染色制成美观保暖的翻毛大衣、帽子、披肩等；羊皮可以加工成各类皮衣皮鞋；羊毛是做地毯的优质原料，也可以加工成呢绒、毛线等产品。

第三节　羊　奶

一、羊奶的价值

羊奶的价值很早以前就被确认。《本草纲目》载，"羊乳甘温无毒，润心肺，补肺肾气。"羊奶蛋白质主要是酪蛋白和乳清蛋白。羊奶、牛奶、人乳三者的酪蛋白与乳清蛋白之比大致为 75：25（羊奶）、85：15（牛奶）、60：40（人乳）。可见羊奶比牛奶酪蛋白相对含量低，乳清蛋白含量高，与人奶接近。酪蛋白在胃酸的作用下可形成较大凝固物，其含量越高蛋白质消化率越低，所以羊奶蛋白质的消化率比牛奶高。羊奶脂肪球直径是牛奶的 1/3，富含短链脂肪酸，约为牛奶含量的 5 倍，不含脂肪凝集素。灭菌后羊奶营养成分大部分能被消化吸收，所以用羊奶代替牛奶作为代乳品更加好。相同质量的羊奶、人奶和牛奶，羊奶含有的维生素量和无机盐最多。例如，其中维生素 C 为牛奶的 10倍，尼克酸为牛奶的 2.5 倍，维生素 B_6 比牛奶多 25％，维生素 A 比牛奶多 47％，烟酸比牛奶多 35％，羊奶中无机盐含量，比牛奶高 14％。羊奶中富含免疫球蛋白，能提高人体免疫力；同时胆固醇含量低，可以减少心脑血管疾病和高血压的发病率；羊奶中核苷酸、脑磷脂的含量也高于牛奶，对婴幼儿发育及老年人恢复脑功能十分有益。另据日本营养研究会研究发现，骨形成蛋白（BMP）是存在于乳清中的蛋白质，在普通牛奶中含量很少，1克中仅含 0.005％。它可以在一定程度上促进骨细胞的生长，有加固骨骼的作用，所以羊奶被视为"乳品中精品"，被国际营养学界誉为"奶中之王"，被医学界成为细胞的保护神、脑的食品、血管的清道夫、食用化妆品等。

二、湖羊的奶用潜力

湖羊在太湖流域育成和饲养已有八百多年的历史，是一种奶、皮、肉兼用的粗毛羊。由于受到自然条件和人为选择的影响，逐渐育成独特的湖羊品种。奶羊业投资小、见效速度快，可以在短时间内形成规模。湖羊自身的条件也适合管理，性情温驯的特点，适宜集约化饲养，有利于奶羊业产业化的形成。

湖羊产奶性能十分好，据浙江省农业科学院畜牧兽医研究所的试验，在给以高营养水平日粮的条件下，6只试验羊在4个月泌乳期内，平均每只羊产奶量227.79千克，平均日产1.91千克，最高日产4.8千克。湖羊为羔皮羊，羔羊生后即屠宰，母羊奶可全部作商品奶。绵羊奶奶酪生产需求量增加，目前仍属空白，有待开发。研究显示，奶山羊干奶期在冬季，而湖羊不同，它四季均可发情配种，完全可以不用考虑干奶期这个不足。随着羊奶业的发展，国内外许多研究机构均对羊奶的开发利用投入大量研究。羊奶业随着脱膻技术的不断进步，羊奶生产设备自动化以及湖羊的综合利用将促进产业的发展。湖羊开展奶用特性研究，提高了湖羊品种资源的利用。奶业研究对其他产业具有极强的辐射效应，将极大地带动周边产业结构调整，提高人们的生活水平。因此，湖羊奶用特性的研究具有重大的意义。

绵羊奶主要用于生产羊奶粉、酸奶和奶酪等。羊奶干物质中蛋白质、脂肪、矿物质、维生素及微量元素含量均高于人奶和牛奶，而乳糖低于人奶和牛奶。欧美国家认为羊奶是营养佳品，鲜羊奶的售价是牛奶的 9 倍。患有过敏症、胃肠疾病、支气管炎症或身体虚弱的人群以及婴儿更适宜饮用。

第四节　羊　肠　衣

羊肠衣是肠衣的一种。中国的羊肠衣不仅口径大小适宜，两端粗细均匀，颜色纯洁透明，而且肠壁坚韧，富有弹性，经高温熏、蒸、煮均不会破裂，在国际市场上深受欢迎。可用于制作外科手术缝合线、各种弓弦等。

一、选择标准

一根完整的湖羊小肠，自然长度 20 米以上。收购的原肠须来自健康无病的羊，整根原肠须两端完整，不带破伤。不足 4 米的或痘肠、破肠无商品价值，不宜选择。

二、原肠的制作

羊宰杀开膛后，要将肠摊开放置，不可堆放，防止受热变质。要及时清理粪便，冲洗干净后要保持肠清洁，防止被泥土杂物等污染，影响商品等级。由于肠膜薄嫩，在清理时，拉扯小肠要用力均匀，防止过猛将肠拉断。清理过的肠晾在杆上或放入木桶中，撒上食盐，以待出售。切忌将肠晾在铁丝上或盛放在铁器中。

三、肠衣的加工方法

羊肠衣大多为盐渍肠衣，主要经过浸泡、漂洗、刮肠、灌水冲洗并割去破损部分，按羊肠衣孔径进行量码打结成把，进行腌渍。头一天沥出盐水的肠衣可进行扎把，此时为肠衣的半成品。在此基础上，进一步漂洗和灌水、分路后可进行配码扎把，经质检合格后可进行包装。

四、包装和保存

肠衣多采用塑料桶或木桶包装。每放一层肠衣就撒一些精盐，夏季用盐量稍大。肠衣不能接触铁器、沙土和杂质。装好封盖后，放在 0～5℃下保存，也可放在地下室凉爽处贮存。每周检查一次，若有漏卤、肠衣变质，应及时处理。

[第十四章] 湖羊主要产品无公害生产技术

第一节　无公害羊肉加工技术

一、工厂卫生

屠宰场和羊肉加工企业应遵守《食品安全国家标准 食品生产通用卫生规范》（GB 14881—2013）和《畜类屠宰加工通用技术条件》（GB/T 17237—2008）的有关规定，远离垃圾场、医院及其他公共场所和污染较严重的工业企业，并离交通主干道至少20m。工厂的设计与设施、卫生管理、加工工艺、成品储藏和运输的卫生要求，应符合《食品安全国家标准 畜禽屠宰加工卫生规范》（GB 12694—2016）的规定要求。

二、原料

屠宰前的羊必须来自非疫区的无公害肉羊生产基地，其饲养规程符合肉羊无公害饲养系列标准〔《无公害农产品 兽药使用准则》（NY/T 5030—2016）、《无公害食品 肉羊饲养兽医防疫准则》（NY 5149—2002）、《无公害食品 畜禽饲料和饲料添加剂使用准则》（NY 5132—2006）和《无公害食品 肉羊饲养管理准则》（NY/T 5151—2002）〕的要求，健康良好，并有产地检疫与宰前检验合格证，屠宰前要经过宰前检验和检疫机构检验。

三、水源

（1）屠宰加工　在屠宰车间内将肉羊屠宰加工成胴体及分割过程中需要的生产性用水，应符合《无公害食品 畜禽产品加工用水水质》（NY 5028—2008）的规定。

（2）羊肉产品深加工　在羊肉分割或羊肉制品加工过程中需要的生产性用水（包括添加水和原料洗涤水），应符合《生活饮用水标准检验方法》（GB/T 5750—2006）的要求。

（3）其他用水　屠宰厂、羊肉制品加工厂的循环冷却水、设备冲洗用水必须符合《城市污水再生利用 城市杂用水水质》（GB/T 18920—2002）的规定。

四、屠宰加工

屠宰加工基本流程：送宰—淋浴—致昏—刺杀放血—剥皮与去头蹄—开膛和净膛—胴体修整—盖章—冷却等。屠宰加工应符合《鲜、冻胴体羊肉》（GB/T 9961—2008）的规定，严格实施卫生监督与检验，修整后的胴体不得有病变、外伤、血污、毛和其他污物。

五、羊肉分割

羊肉进行分割与剔骨或进一步深加工，必须要经过检验且符合《羊肉分割技术规范》（NY/T 1564—2007）的规定。分割方法有冷分割和热分割两种。冷分割与剔骨是将羊胴体冷却后再进行分割和剔骨，且分割间的温度低于 15℃；热分割与剔骨是屠宰、分割连续进行，从活羊放血到分割完毕转入冷却间，应控制在 1.5～2 小时内完成，且分割间温度低于 20℃。

六、产品包装

无公害羊肉的包装材料应该是无污染、易降解的，且必须符合《食品安全国家标准 食品接触材料及制品用添加剂使用标准》

（GB 9685—2016）和《食品安全国家标准 食品接触用纸和纸板材料及制品》（GB 4806.8—2016）的规定。

七、产品储存

无公害羊肉及其产品的储存场所要求清洁卫生，避免与有毒、有害、有异味、易挥发、易腐蚀的物品混放。冷藏羊肉储存条件：温度−1～0℃、相对湿度75％～84％，同时胴体之间留有一定的距离。冷冻羊肉储存条件：温度−18℃以下、相对湿度95％～100％，保质期为8～10个月。运输必须采用无污染的交通工具。无公害羊肉及制品在销售及加工过程中，不可使用化学合成防腐剂和人工合成着色剂。

第二节 无公害羊奶加工技术

根据杀菌温度和工艺不同，将无公害羊奶分为巴氏杀菌奶、灭菌奶等品种，工艺流程如下：过滤—冷却原料验收—预处理（净化、冷却、储藏）—标准化—预热均质—杀菌、灭菌—灌装—封口—二次灭菌—冷却—储存。在无公害羊乳的加工中应参照《牛奶生产标准体系总则》（DB65/T 2908—2008）的有关规定，加工厂卫生条件应符合《食品安全国家标准 乳制品良好生产规范》（GB 12693—2010）的规定。

一、原料乳

原料乳是指未经任何处理的生鲜乳。原料乳中抗生素、重金属及黄曲霉毒素含量应符合《食品安全国家标准 生乳》（GB 19301—2010）的规定。

二、净化

去除原料奶毛、泥土、草料等杂质及表面微生物。在羊场可采用过滤净化的方法，用 200 目尼龙过滤网，勤换洗，以保持清洁、防堵塞。在乳品厂应采用离心净奶机，转速为 5 890 转/分，采取自动或手动排渣。

三、冷却与冷藏

（一）冷却

冷却温度小于 4℃，应于 36 小时内加工使用。冷却过程中防止尘埃、杂质等进入生鲜乳中。

（二）冷藏

将储奶罐彻底消毒、杀菌、密封，罐内设有搅拌器，转速小于 40 转/分。储奶罐内生鲜羊乳的温度低于 5℃。储奶罐保温层厚度不低于 50 毫米，室外奶仓保温层厚度不低于 100 毫米。

四、标准化与均质

（一）标准化

添加的奶油应符合《食品安全国家标准 稀奶油、奶油和无水奶油》（GB 19646—2010）标准的规定；添加的脱脂奶粉应符合《食品安全国家标准 乳粉》（GB 19644—2010）标准的规定。

（二）均质

温度在 60～68℃内，均质压力为 15～22 兆帕，均质后应立即进行杀（灭）菌。

五、杀（灭）菌

（一）巴氏杀菌法

（1）低温长时间杀菌（LTLT）又称巴氏杀菌，62～65℃，保持 30 分钟，可在非无菌条件下进行灌装。

（2）高温短时间杀菌（HTST）72～75℃保持 15～16 秒；或 80～85℃保持 10～15 秒，可在非无菌条件下进行灌装。

（二）超高温瞬时灭菌

流动羊奶，灭菌温度 135～145℃，时间 3～4 秒。需在无菌状态下包装。

（三）保温灭菌

将羊奶预先杀菌（或不杀菌），包装于密闭容器中，在110℃以上灭菌 10 秒以上。

六、包装

（一）包装工艺

包装车间要求无污染，巴氏杀菌乳非无菌罐装；灭菌乳无菌罐装。

（二）包装材料

包装材料适用于食品，应坚固、卫生，符合相应国家标准；复合包装袋应符合《复合食品包装袋卫生标准》（GB 9683—1988）的规定。使用包装容器之前进行消毒，内、外表面保持清洁。

（三）包装要求

包装严密，不发生渗漏或破裂，不得二次污染。

七、储存

巴氏杀菌乳储存温度为 2～6℃；灭菌乳常温避光储存。储存场所干燥、通风，不得与有毒、有害、有异味或者对产品产生不良影响的物品共同储存。

[第十五章] 湖羊动物福利

　　动物福利指从满足动物最基本的生理、心理需求的角度合理地利用动物。随着社会经济发展，人们逐渐意识到动物福利的重要性，发现改善动物福利在满足动物行为需求、降低应激水平、提高生产性能以及提高动物产品品质等方面起着关键作用。因此，提高湖羊饲养管理过程中的福利水平，不仅能够实现健康养殖，还可以提升羊肉品质。

第一节　保护湖羊福利的原则

　　现阶段国内对于动物福利还存在着许多争论，如对于动物的应激反应、应激程度、恐惧程度等很难做到准确测定。换而言之，动物福利并没有一个准确的判断标准。但欧洲国家已逐步制订了一些动物福利法，如《英国家畜福利法》，提出了动物福利判断的"五无"基本原则，值得国内养殖户参考与借鉴，从中归纳总结出保护湖羊福利的原则，具体如下：

（一）无营养不良

　　日常饲喂要满足湖羊营养需求，保证其正常、健康的生活；在生产期，还需保证妊娠、哺乳所需的营养物质。

（二）无生理上不适

　　羊舍环境温度适宜，不冷也不热，光照充分、利于通风，满足湖羊正常的活动与休息。

（三）无伤害与疾病

　　规范饲养管理制度，做好湖羊疫病防控，出现患病个体及时有效处理。

(四) 无限制地表现绝大多数正常行为

提供合理的饲养环境，确保湖羊群体能表现出绝大多数正常行为。

(五) 无应激

尽可能优化湖羊养殖、生产、屠宰过程，减少应激反应。

第二节　湖羊福利与养殖生产的关系

一、湖羊福利与健康养殖的关系

湖羊福利强调的是湖羊本身的康乐。健康养殖是指一种健康、可持续的养殖模式。尽管两者有所不同，但它们有一个共同点，即湖羊的健康。湖羊养殖生产上存在诸多应激因素。通过一些手段调控这些应激因素，减少湖羊应激反应，使湖羊保持健康状态，不仅能够提高湖羊福利，还可以让湖羊将更多的营养和能量用于生长和繁殖，获得更多的经济效益。健康养殖贯彻"养"重于"防"，"防"重于"治"的理念，着重从饲养管理方面下手，改善舍饲环境、注重疫病防控等，从源头上控制湖羊疫病频发的诱因。因此，湖羊福利是健康养殖的重要一环。

二、湖羊福利与生产性能的关系

湖羊福利需要与羊产品生产挂钩，同时湖羊生产性能也能在一定程度上反应福利水平的高低。因为湖羊的健康状况直接与福利有关，如果湖羊养殖生产过程中不能正常生长、发育、繁殖，也就说明湖羊福利不到位。为了追求更高的生产效益、节约生产成本，高密度集约化饲养模式盛行，但高饲养密度会压缩湖羊活动空间，增加应激反应程度，影响湖羊生长性能。舍饲光照、通风条件也会影响湖羊日常饲养管理，潮湿、通风差的羊舍，病原微生物更多，会导致湖羊疫病频发，疾病的产生是福利恶化的最直接体现。因此，做好湖羊福利工作是其正常生长、发育、繁殖最基本的保障。

三、湖羊福利与羊肉品质的关系

湖羊生产环节福利水平对羊肉品质影响很大，包括饲养管理、饲养环境、屠宰环境等。湖羊福利强调羊舍应功能齐全、宽敞、明亮、通风，有充分的空间活动，能避免拥挤、踩踏、争斗；清洁的羊舍还能减少寄生虫、病原微生物的侵袭，有助于提高生长育肥羊胴体品质。湖羊羔羊充足的哺乳期也是福利的重要一环，早期哺乳羔羊生长发育迅速，母乳营养丰富，不仅可以提供足够的营养物质，还可以增强羔羊免疫力，能使其正常地过渡到生长育肥阶段。良好的屠宰环境应把强制性驱赶变为温和的生态行为诱导，减少湖羊运输、转移过程中的应激，尽可能降低应激造成的羊肉品质下降。

第三节 改善湖羊福利的措施

一、改善湖羊养殖福利

湖羊福利是健康养殖的核心内容。在湖羊养殖生产过程中，许多应激反应影响湖羊的健康状况，提高福利水平可以减少湖羊应激、提高生产性能，进而提高经济效益。湖羊养殖福利要从多方面考虑，包括以下方面：

（一）保证饲养环境

湖羊舍饲养殖，要考虑舍饲条件，包括基本的户外运动场，满足湖羊日常运动需求；自然光照、通风的羊舍，保证空气质量以及干净卫生的饲养环境；合理的饲养密度，尽可能提供充足的活动空间，防止羊群因拥挤引起踩踏、争斗；羊圈铺上一层垫草或者垫料，给予湖羊较好的生产环境。

（二）注重疫病防控

坚持以防代治的原则，湖羊需接种疫苗，对于患病个体及时治疗。日常管理中，关注湖羊常见疾病的防治与日常保健，每日例行兽医检查，定期对所有群体进行健康评估。如果群体出现受伤、患病个体，需先进行隔离，再予以有效的治疗，治疗时尽可能采用无痛处理手段，如麻醉处理，尽量减少个体应激反应。

（三）规范饲养管理

日常饲养需提供较为充足的饲料、饲草，避免限饲，特别是要避免在每天固定的时间段饲喂有限的饲料、饲草；日常饲喂过程中适当提升粗纤维含量（秸秆等）能缓解湖羊饥饿感。确保充足的清洁饮用水。

（四）满足湖羊行为基本需求

尽可能满足湖羊群体社会性行为需求，保证最基本的与人、同类的交往行为；确保湖羊本身的护理行为，如舔毛、排便等；保持群体的稳定性，尽量避免频繁更换羊圈、混群带来的应激反应；给予湖羊羔羊充足的早期哺乳，避免过早断奶等。

二、改善湖羊屠宰福利

湖羊屠宰福利是为减少湖羊屠宰过程的恐惧、痛苦而进行的前处理和屠宰方式。在屠宰过程中，如果不注重湖羊福利，会在一定程度上给湖羊造成伤害，导致羊肉品质下降。因此，注重湖羊屠宰福利有助于提高羊肉品质，增加生产效益。湖羊屠宰福利也需从多方面考虑，主要包括以下方面：

（一）屠宰前处理

环境的改变会导致湖羊紧张引起应激反应，从而抑制正常的生理机能，致使肌肉组织充血，影响羊肉品质。因此，需要屠宰的湖羊一般在到达指定屠宰地点后，休息 2～3 小时，平复紧张心情，减少应激反应；如果有条件可以进行宰前淋浴，一般 3～5 分钟，水温 20℃ 左右，既可以清洁体表，也能降低应激。

（二）专业屠宰人员

屠宰人员需要有一定专业知识，且关爱动物，正式上岗前需进行基础培训，掌握湖羊基本的生物学行为和人道屠宰方法。

（三）宰前击晕

为了保障湖羊动物福利及确保羊肉品质，通常在屠宰前采用电或气体将湖羊击晕。

（四）快速屠宰

湖羊击晕后，采用放血手段快速屠宰，一般放血在击晕后15秒内进行，主要是切断颈动脉法。

（五）屠宰设施规范

屠宰场地应用有最基础的屠宰设施，如地面要干净、防滑，避免湖羊滑倒或站立不稳以至不愿意行走；通道要宽敞，尽量没有弯道，使羊群一个紧跟一个逐步前行；待宰圈要长窄、不透明，避免羊群目击屠宰场面引起恐惧和应激；击晕间要配备常用击晕设备；屠宰间要有足够空间、地面防滑，有专业屠宰人员等。

[第十六章] 集约化饲养最佳规模的确定

一、集约化饲养规模概念及影响指标

饲养规模是指养殖企业的养殖规模或经营规模，饲养规模可用生产总值或产出量表示。合适的饲养规模是企业在制定政策时，需要考虑的一个重要方面。

集约化、规模化湖羊养殖生产是现代湖羊养殖企业最主要的经营的形式之一，是今后的大势所趋。湖羊的集约化生产，具有规模化和专业化程度较高的特点。在生产技术上，要求高度科学化、规格化和标准化。湖羊规模化生产都采用批量繁殖，批量转群和批量生产的流水线生产工艺，这有利于按市场的需求均衡供应产品。

湖羊集约化饲养规模可以用多项指标，如用土地面积、劳动资料、存栏数量、技术、资金、产量、产值、盈利等指标，从不同方面确定其最佳大小。根据饲养规模指标的层次，可以分为基本指标（土地、存栏、劳动资料等基本要素）、投入指标（如资金、技术等要素）和产出指标（如产量、产值、盈利等指标）。这三个层次的指标存在着十分密切的关系，并随着不同的社会、市场条件改变其作用范围。因此，集约化饲养最佳规模的确定是一个复合概念。

二、最佳饲养规模的确定

无论何种养殖规模，都有可能出现经济效益的盈利、亏损和平衡的情况，其中存在诸多影响因素，大致可分为固定成本、变动成本、产量和产品价格等因素，这些因素的变动与生产的规模是否合适密切相关。在规划养殖场规模时，必须根据这些因素的变化进行科学分析和决策，确定最佳饲养规模。

集约化饲养最佳规模的确定一般采用盈亏平衡点分析法，盈亏平衡点又称零利润点、保本点。通常是指全部销售收入等于全部成本时的产量。以盈亏平衡点为界限，当销售收入高于盈亏平衡点时盈利，反之亏损。盈亏平衡点可以用销售量来表示，即盈亏平衡点的销售量；也可以用销售额来表示，即盈亏平衡点的销售额。前期规划时先找到盈亏平衡点，再衡量规划多大的规模才能达到多盈利的目标，这种决策分析方法比较实用。

盈亏平衡点分析法中，湖羊养殖生产成本分为变动成本和固定成本。变动成本是指湖羊的直接成本，如饲料成本、购买种羊的成本和其他物资成本，这些成本都随着养殖规模的变化而变化；固定成本是指不随养殖规模变化而变化的那部分成本，包括基本工资、设备折旧费、水电费等。

以 Q 代表产量，C 代表总成本，VC 代表变动成本，FC 代表固定成本，P 代表售价，S 代表总收入，盈利为 R，按照它们的关系绘制盈亏平衡点分析图（图 16-1）。

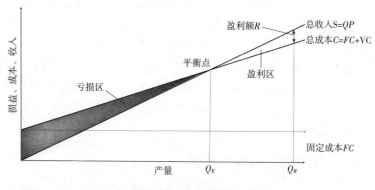

图 16-1　盈亏平衡点分析

由图 16-1 可知，养殖总收入和总成本都随产量规模的增加而升高，总收入增长速度大于总成本的增长速度，当产量达到 Q_E 时，两者相等，总成本线与总收入线相交于 E 点，这就是盈亏平衡点；当盈亏处于平衡点时，C 就等于 S，即 $Q_E \times P = VC \times Q_E + FC$，在这种情况下，生产规模可由以下公式确定：

$$Q_E = FC / (P - VC)$$

由图 16-1 还可知，当计划盈利为 R 时，有如下关系：

$$Q_R \times P = VC \times Q_R + FC + R$$

由此可确定生产规模：

$$Q_R = (FC + R) / (P - VC)$$

三、案例分析

根据监测数据，目前我国绵羊出栏体重平均为 45 千克/只，山羊出栏体重平均为 31 千克/只，为便于计算，将羊标准体重界定为 40 千克/只。出栏羊平均价格按照 26 元/千克计算，出栏时养殖成本按 800 元/只计算（仔畜成本＋饲料费＋防疫等其他费用），每只羊纯收入在 240 元左右。若某湖羊养殖场在经营一段时间后，年固定成本为 30 万元。

已知，$FC = 30$ 万元，$P = 26 \times 40 = 1\,040$ 元，$VC = 800$ 元；由上述公式得：

盈亏平衡时，养殖规模 $Q_E = FC / (P - VC) = 300\,000 / (26 \times 40 - 800) = 1\,250$（只）。

若计划盈利 20 万元时，养殖规模 $Q_R = (FC + R)/(P - VC) = (300\,000 + 200\,000) / (26 \times 40 - 800) = 2\,084$（只）

由案例可见，根据盈亏平衡法来确定湖羊最佳饲养规模，方法简单、可行性高，但是存在一定的局限性，如产量规模增加超过一定限度时，产品销售量并非一直无限量增加，因市场变动影响，产品价格可能会呈现下降趋势。因此，无限度扩大生产规模，并不一定会增加利润。

　　此外还需要注意的是，即便确定的最佳生产规模有效，也要注意产品的市场情况，产品若滞销，则有可能对生产带来负面影响，导致变动成本升高，影响收入。此外，饲养管理、饲料营养、疾病防控、羊群结构、环境保护等因素，都对养羊企业经济效益有重要的影响。

参 考 文 献

曹瑞敏，朱永和，吴宏森.2008.怎样办好一个养羊场［M］.北京：中国农业出版社.

曹玉凤.2010.秸秆养肉羊配套技术问答［M］.北京：金盾出版社.

常玉婷.2012.青绿饲料的营养价值及应用［J］.畜牧与饲料科学，33（2）：39.

陈端胜，郭建军，贾瑞琴.2011.羊链球菌病的诊断与防控［J］.农业技术与装备（6）：36.

陈玲，孙炜，孙永明，等.2006.湖羊的养殖技术［J］.农村养殖技术，17：7-9.

陈伟.2009.羊奶的营养价值及我国羊奶产业发展存在的问题［J］.中国乳业（12）：46-47.

戴企平，严惠群，金国群，等.2010.湖羊保种措施及成效［J］.中国牧业通讯，19：37-38.

邓蓉，张存根，郭爱云.2006.中国肉羊生产与贸易的现状及其发展对策［J］.北京农学院学报，21（3）：69-73.

刁其玉.2012.科学自配羊饲料［M］.北京：化学工业出版社.

顾拥建，陈启康，沙文峰，等.2000.秸秆饲料饲喂农区山羊试验［J］.16（4）：47-49.

国家畜禽遗传资源委员会.2011.中国畜禽遗传资源志·羊志［M］.北京：中国农业出版社.

韩艳芬.2012.羊螨病及其综合防治措施［J］.养殖技术顾问，8：96.

黄国兵，刘小鹏，徐金云，等.2010.湖羊杂交试验研究［J］.现代农业科技，（22）：327-328.

黄华榕，刘桂琼，姜勋平，等，2014.杜泊羊与湖羊的杂交效果［C］.全国养羊生产与学术研讨会论文集：160-162.

李群.1997.湖羊的来源及历史再探［J］.中国农史，16（2）：91-95.

李伟，程凤侠，周永香.2008.小湖羊毛革一体鞣制工艺［J］.中国皮革，37（1）：1-4.

李拥军.2009.肉羊健康高效养殖［M］.北京：金盾出版社.

梁志峰，辛彩霞，嵇道仿，等.2007.杜泊绵羊和湖羊杂交一代的生产性能研究［J］.畜牧兽医（5）：38-39.

廖云华，朱小彤.1994.串叶松香草的饲用价值［J］.贵州农业科学（6）：50-51.

刘芳.2007.世界肉羊业生产及贸易研究［J］.北京农学院学报，22（1）：49-53.

刘宏壮.2013.湖羊南移养殖的发展前景［J］.浙江畜牧兽医（2）：46.

刘敏.2009.禁牧舍饲是加强草原生态建设的有效途径［J］.当代畜禽养殖业，4：8-10.

鲁新伟，程应泉，潘燕燕，等.2008.湖羊的科学饲养与管理技术［J］.浙江畜牧兽医（4）：18.

陆继荣.2013.牛羊食管阻塞的诊治［J］.养殖技术顾问（2）：121.

吕宝铨，李正秋.2013.湖羊与杂交羊的区别鉴定［J］.当代畜牧（2）：38-39.

马友记，李发弟.2011.中国养羊业现状与发展趋势分析［J］.中国畜牧杂志，47（14）：16-20.

毛杨毅.2002.农户舍饲养羊配套技术［M］.北京：金盾出版社.

欧君植.2011.对提高榕江山地肉羊繁殖能力的技术分析［J］.北京农业（6）：110-111.

蒲海国，1990.小湖羊皮产销的问题和几点建议［J］.毛皮动物饲养（2）.

钱建共，肖玉琪，钱孝英，等，2000.不同杂交组合湖羊生长发育研究初报［C］.全国养羊生产与学术研讨会论文集.

钱建共，肖玉琪，张有法，等，2001.湖羊不同杂交组合产肉性能的研究［C］.全国养羊生产与学术研讨会论文集.

乔娟，李秉龙.2006.中国农产品国际竞争力研究［J］.北京：中国人民大学出版社.

任正平，管峰，尹棋，等.2005.湖羊及其杂交后代中双羔羔羊断奶期的生长发育研究［J］.家畜生态学报（5）：36-38.

阮庆文.2012. 山羊饲草加工调制技术［J］. 养殖世界，4：36-37.

盛良学，贺喜全.2003. 牧草和饲料作物的引种选育及其发展趋势［J］. 草业科学，20（5）：14-171.

舒国伟，陈合，吕嘉枥，等.2008. 绵羊奶和山羊奶理化性质的比较［J］. 食品工业科技，11：280-284.

孙鸿良，岳绍先.2001. 籽粒苋的饲用价值与效果［J］. 饲料广角，11：19-20.

王必强.2010. 饲草加工调制技术［J］. 畜牧兽医杂志（3）：98-99.

王公金，聂晓伟，花卫华，等.2007. 肉用杜泊绵羊与湖羊和小尾寒羊杂交对比试验［J］. 江苏农业学报，23（4）：317-324.

王焕章.2010. 羊肠衣的加工与保存［J］. 乡村科技，6：24-25.

王惠春，陈海萍.2012. 小尾寒羊科学饲养技术［M］. 北京：金盾出版社.

王明德.1988. 羊难产的原因及助产［J］. 现代农业（4）：37-38.

王素霞.2007. 能量饲料资源的开放利用［J］. 农村养殖技术（2）：36.

王元兴，杨若飞，张有法，等.2003. 肉用绵羊与湖羊杂交产羔性能的研究［J］. 畜牧兽医（12）18-19.

吴胜业，胡晓苗.2013. 一例羊场爆发细颈囊尾蚴病的诊治［J］. 现代农业科技（12）：245-246.

席斌，高雅琴，杜天庆.2007. 影响我国小湖羊皮品质的因素及建议［J］. 黑龙江畜牧兽医（11）：48-49.

徐然松，程凤侠，董荣华，等.2009. 防水型小湖羊绒面毛革工艺［J］. 中国皮革，38（3）：3-6，11.

徐小波，王公金，于建宁，等.2009. 湖羊、小尾寒羊与肉用杜泊羊杂交试验［J］. 内蒙古农业科技（2）：49-50.

徐颖，汪璇，刘小丹，等.2010. 羊奶的优势与发展前景［J］. 新农业（12）：62.

杨保田.2006. 舍饲养羊的羊场建设原则及技术要点［J］. 家畜养殖（13）10-11.

杨诗兴，彭大惠，张文远，等，1988. 湖羊能量与蛋白质需要量的研究［J］. 中国农业科学，21（2）：73-80.

杨诗兴，彭大惠，1988. 湖羊常用饲料成分、营养价值及典型日粮配方［J］. 草与畜杂志（2）.

姚军虎.2001.动物营养与饲料［M］.北京：中国农业出版社.

于潇萌，刘爱民.2007.促使畜牧业养殖方式变化的因素分析［J］.畜牧
　经济，43（10）：51-55.

俞坚群.2006.湖羊肉用性能测定［J］.浙江畜牧兽医，5：1-2.

虞德良，李建彬，王凤.2011.如何防止母羊难产［J］.中国畜禽种业
　（8）：78.

张春香.2012.绵羊生产配套技术手册［M］.北京：中国农业出版社.

张华林，邓小华.2005.科学利用青绿饲料［J］.草业科学，22（1）：
　40-43.

张骞.2008.紫花苜蓿的饲用价值与生态价值［J］.广东饲料（12）：
　39-41.

郑军，林嘉，2002.湖羊生产技术［M］.北京：金盾出版社.

智玉芝，焦霞，张乃喜.2012.饲草加工调制技术［J］.畜牧兽医杂志，31
　（2）：91-93.

周家敏.2011.羊常见寄生虫病的防治［J］.畜牧与饲料科学（2）：
　124-125.

周健忠.2013.中西医结合治疗羊传染性胸膜肺炎［J］.云南畜牧兽医
　（4）：24.

周卫东，姜俊芳，宋雪梅，等.2010.湖羊和杜湖杂交一代羊肉用性能比较
　研究［J］.黑龙江畜牧兽医（4）：61-62.